会做饭的孩子棒棒哒

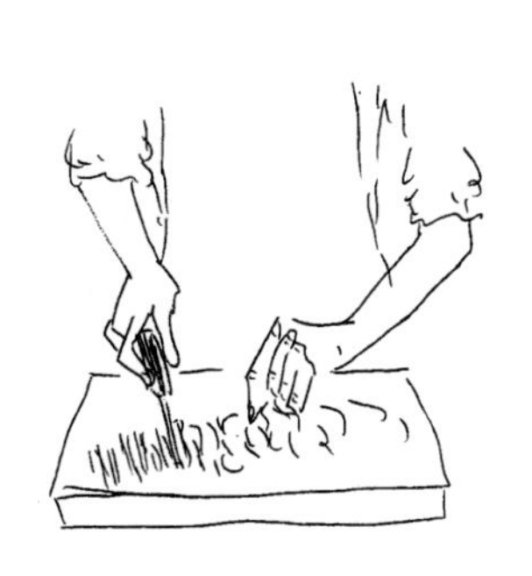

从厨房开始的五感启发，一起探索孩子的个性与天赋！

Cooking with kids gives them an important lifelong skill !

林家岑（Amanda） 著

李宇乐 插画

青岛出版社
QINGDAO PUBLISHING HOUSE

CONTENTS 目录

016 为什么要跟孩子一起做菜？

022 【练习 1】有方法的规矩训练 | 从头开始学习餐桌礼仪 & 使用刀具

实践 用小孩专属用餐垫辅助
根据孩子的年龄选用合适刀
由简入难，渐进练习用刀
各种刀具、其他工具的使用方法

什锦炊饭 / 彩蔬鲭鱼魔鬼蛋

036 【练习 2】保护自己，与危险共处 | 水 & 油的烹调使用

实践 从锅子开始的事前教育
用五感实际感受物理或化学变化
让孩子思考工具的选择
不小心受伤时的正面应对

水波蛋 / 炸鲑鱼薯条

050 【练习 3】正视自己的恐惧与不擅长 | 肉 & 海鲜处理

实践 图片解说食材或带孩子上市场认识
先从敢碰触的食材部位做前处理
不吝鼓励，语气请温柔且坚定

海鲜意大利蛋饼 / 鸡肉奶汁花椰菜卷

064 【练习 4】把不喜欢变成喜欢，勇敢突破 | 蔬菜料理

实践 跟孩子讨论如何变换烹调
激发孩子对食物的兴趣与好感
放手！把决定权交给孩子吧

今日菜单 红萝卜果酱 / 缎带芹菜沙拉佐优格花生酱

078 【练习 5】触觉与情感的练习 | 米食料理

实践 从幼儿时期就开启孩子的感官体验
用游戏、比赛的方式培养孩子耐心
减少命令句，让孩子自己选择、决定

今日菜单 米布丁 / 黑白珍珠丸

092 【练习 6】学习群体合作 | 团队做面食

实践 工具辅助，让孩子独立完成试作
提出多方案，自主讨论与工作分配
设定共同任务和完成时间，练习合作

今日菜单 意大利面疙瘩 / 手工鸡蛋面

106 【练习 7】创意与美感展现 | 盘中的排列组合

实践 蹲下来，听孩子说他的画面
参与孩子的世界，一起发现各种乐趣
好的倾听、回应会在孩子心里留下痕迹

今日菜单 香煎鸡排 / 柠檬鱼

120 【练习 8】培养观察力 | 面团的长大过程 & 揉面、玩面团

实践 用透明容器，慢慢观察过程变化
让小孩想想，如何善用、规划零碎时间
多做多尝试，共同体会进步的过程

黑糖蒸糕 / 比萨饺

134 【练习 9】用行动表达感谢 | 和妈妈在家一起做菜

小朋友的练习菜单

138 【练习 10】预先的生活练习 | 到大人厨房校外教学

实践 鼓励孩子开口发问
创造实境机会让孩子试试

今日菜单 主厨菜单

148 【练习 11】独立规划的能力 | 户外小野餐 & 外出体验

实践 假设提问，引导孩子想办法
用写或画，进行采购和事前准备
以游戏方式让孩子学习接待、照顾别人

今日菜单 韩式酱烧三明治 / 姜味蜜桃冰茶

160 【练习 12】想象力大爆发 | 孩子们的料理创作

今日菜单 原来孩子和你想的不一样从料理看孩子！

172 【特别篇】小厨的养成

自序

其实我不知道，当大家打开这本书的时候，是抱着怎样的期待。期待有很多食谱？期待很多漂亮的照片？期待告诉你们如何教小孩认识食材、如何使用工具？期待有一天自己的孩子也能煮饭给自己吃？

曾经有一段时间，我想要全身心地创立一处教孩子做菜的空间，并以此为职业，觉得可以为孩子做得更多。后来发现，自己还是属于“游击队”，自由的时间分配更适合自己，更能替孩子们做不同方面的事情。自己一直都像一根绳子，把很多人和事情穿在一起。“串珠”，是我那时设想的自己空间的 Logo。教书的时候，常看孩子们自己或和朋友一起，把串珠盒搬出来，放在地上，用一根绳子，把一颗颗的珠子穿在一起，有时只用同样颜色的珠子，有时会用不同颜色或不同形状的珠子。孩子们会跑来戴在我的脖子上，到放学都不让拿下来。有时候我会变成“小狗”，让他们“遛着”。或许是“毛虫”，是“玉米”，是“糖果”，而我就这样通盘接受，因为那是他们的设计成果。是啊！我一直都是一根“绳子”，串联起孩子们，串联起家长们，当他们当中那条既看不见又不可或缺的电波。

这本书里，没有太多的食谱，没有太多做作的照片。大多是我上课的照片，有慌乱，有桌面不整齐，有我或小孩披头散发，有小孩把东西弄得地上到处都是，有小孩被厨具切到、烫到。这些是我的厨房工作实录。和孩子们一起在厨房原本就不会完美，我不想因为要卖书，为了要让家长们认为厨房的互动是多美好，就拍一堆美美的照片。当初，出版社说想要有美美的照片，要在上课时让摄影师进来拍，我拒绝了。因为我最不喜欢小孩上课时被打扰，拍照其实也算是打扰。很多时候，为了要拍出一张照片，他们必须在很投入的情况下被阻断，然后还要附上一个微笑。说实在的，那很不真实。我是在一边上课一边和他们玩的时候拍下纪录，照片不会很美，但是很真实。

只有“小厨的养成”部分，是由摄影师拍摄完成的。我希望摄影师为他们做比较专业的纪录，因为他们穿上厨师服的这一刻，值得被纪念。

这本书的重点在哪里呢？我女儿前一阵子写了一篇作文——《我的老妈》。看完后我热泪盈眶，因为女儿真的很了解我，她知道我做的事情重点在哪里。把此篇送给正在翻阅此书的您，这就是 Amanda——我，在这二十年来持续为孩子们做的事情。烹饪是我的媒介和工具，我真正在做的是“投资”这群孩子，让他们都能发现自己，享受真正的自己。

我的老妈

我的妈妈个子不高，但她有比别人还高的 EQ（情商）；我的妈妈钱赚得不多，但她比谁都富有，因为她说她有我这个世界上最好的小孩。

妈妈从小最爱做两件事：煮饭、带小孩，所以我妈妈现在的工作主要是教小孩做菜。有时候，她也会接一些通告，去上节目或拍报纸杂志的专栏，不过都是和生活、教育方面有关的宣传。妈妈也当过很多年的幼儿园老师，我上幼儿园的时候也是她教的呢！妈妈是个特别的妈妈，她会放任孩子想象、创作，她不会把孩子限制在一个空间里，而是放大他们的视野。她以不同的方法教我如何分辨对与错，妈妈根本就是名符其实的“疯妈”。

妈妈是个非常正面的妈妈，从她身上我能学到的，不单单是做人的道理，抑或是面对问题的解决方式。在她身上我学到更多的是“正面”，学会看别人的优点。她是我的妈妈，也是我的老师，就算她再如何“疯”我也爱她！

推荐序 1

Amanda 老师

Latricia

Vivian

Lulu

Isabella

Alice

大家还好吗?

非常感谢大家，在台湾逗留期间给我们留下了美好的回忆。

我现在就开始期待，什么时候能够在台湾或东京，跟随 Amanda 老师学做料理。

松本主厨任何时候都会在 Feu 的厨房等待大家的到来!

Feu 主厨 | 松本浩之

WORK SHOP
TIME TABLE
WORK SHOP
TIME TABLE
WORK SHOP
TIME TABLE

推荐序 2

孩子懂烹饪，或许就懂治大国

倘若一切都能游戏化，亲子之间，实在没有理由疏离！

我这样想，因为我自己的成长过程，是缺乏亲子游戏化的体验的。

也没办法，我爸妈要养四个孩子，成天工作都应付不了生计了，何来精力、余暇跟我们四个孩子游戏化地谈功课、亲子互动呢。

但作为长子的我，办法是不缺的。我们有一支巷弄邻居孩子组成的“残破”棒球队，只有捕手有手套，其他都将就凑合。我们至少追逐了好几个暑假的“少棒梦”。

我有两三个“秘密基地”，我是队长。我们有一个池塘可以戏水，一座废弃碉堡可以当总部，一条灌溉沟渠可以边泡脚边开会，这些“基地”一直到我上了中学才交接给邻居小孩。

游戏，是孩子与生俱来的天性。靠着游戏的遐想，再偏僻乡下的孩子，再贫弱的孩子，都能穿透孤寂的当下，直冲云霄，俯视人间的美好。要是他们的亲人，愿意以游戏化的态度来陪伴他们学习，不管学什么，效果一定都远远超乎预期。

弥补这样的缺憾吧！我自己当了爸爸后，与女儿玩耍，除了体力不支是停止的“借口”外，我找不到不跟女儿嬉闹的理由。

我卷起一块地毯，把她包裹其中，左右摇晃，跟她说这是海盗船，在大西洋遇上了前所未见的风暴。

我买了三个布袋戏偶：“孙悟空”“唐僧”“猪八戒”，跟她戏说起《西游记》的章回。

我教她下跳棋，下象棋，玩捡红点，玩桥牌。在游戏中，告诉她“输就服输，赢要谦虚”的道理。现在，我跟她的两人桥牌，胜负大约是六四比，会记牌的她，已经不再让我每次都能予取予求了。

我们家自己开伙的次数不多，可是应该是受到我太太的姐姐 Amanda 的影响吧，我太太偶尔喜欢跟女儿一块做菜，让女儿体会切菜、洗菜、包馄饨、调面粉的乐趣。孩子很奇怪，跟她正经八百讲道理，就一副爱理不理的表情；换成玩游戏，即便记单字、做数学，她也挺开心的。我多喜欢每次游戏结束后，女儿搂着我的脖子，撒娇地要我下次再陪她！

Amanda 把亲子烹饪课，教得像一场场探索孩子性格的游戏，在角色分派、任务编组中，每个孩子都找到了自己最适合的位置。

这些孩子何其幸运，他们终将在人生的某一阶段，突然忆起追随 Amanda 的童年往事，他们必将了解人生的意义，“食色性也”。而幸福的定义不过是把自己与所爱之人的生活给照料好。

于是，我们必须烹饪，必须在亲子烹饪之间，优游而自在，因为“治大国”的道理，亦不出“烹小鲜”的专注与敬业而已。两千多年前，老子已经说过了“治大国若烹小鲜”。所以，国治不好八成也跟菜烧不好有关吧。

且让我们的孩子在烹饪中学道理吧！

推荐序 3

现代人的家庭越生越少，以致于父母常常在不知不觉中成为“直升机爸妈”，因为太不想成为这类型的父母，所以我常常和孩子们说“唯有照顾好自己，才有能力照顾别人”。那要怎么照顾自己呢？当然先从“吃”开始啊！我家老大 Bryan 从小胃口好，吃到了好吃的食物，再久都不会忘记那个味道，甚至还会在想起来时流口水。老二 Max 体弱多病、不爱吃，但只要是自己做的菜一定全部吃光光。这样两个截然不同的小孩交到了 Amanda 手上会怎样呢？

事实证明：两个星期的课程后，孩子们回家看到虾，主动说要帮我剔肠泥（呃……虽然它已经煮熟了），作为老妈的我真是感动得不得了……

Amanda 的料理课不止传达了食物的知识，还传递了父母与孩子们之间的温暖亲情，这已经不是普通的料理课做能得到的！

知名主持人 | 

推荐序 4

Amanda 当了我好一阵子的心灵伴侣，我们都属于非主流型的妈妈，在这个框框好多的世界上，我很庆幸能拥有这样一个美丽、才华横溢又“大自大在”的朋友。

看着漂亮的 Amanda 烹饪绝对是一种享受，那魅力自是不在话下。不过，她最迷人的地方其实是启发孩童的能力。她有办法一边将技术、艺术、品味、责任感，甚至品德都“传输”到孩子的小脑袋里，一边让孩子笑得很灿烂。我一直觉得，带孩子与烹饪都是需要拿捏窍门的事，而 Amanda 正好是如此千灵百巧的女子。她是个会魔法的美人儿，一眨眼，把食物变成了“钻石”；再一眨眼，把孩子培育成自信的小小达人。

别被骗了，《会做饭的孩子棒棒哒》绝对不只是本料理教学书。事实上，这书里藏着许多改变亲子关系的神奇魔法。

放手！把决定权交给孩子吧！

《人生啊！欢迎迷路》图文作家——迷路的老妈 | 米米

前言　为什么要跟孩子一起做菜？

教孩子做菜的十年时光里，大部分的家长都是抱着让孩子玩的心态，才带着孩子一起来上课的。偶尔，还是会遇到一些家长问我："老师，我的小孩上了几堂课之后就可以自己做菜了？我小孩已经上过很多课了，所以可以不用教他太简单的。"我想说的是"教孩子做菜"这句话，"教孩子"比"做菜"对我来说更重要。

在上课的过程中，和孩子讲的每一句话，我都希望对他们是有用的。做菜这件事其实不难，但是在整个上课过程中，如何恰当地和孩子互动，却不是一件容易的事。记得之前教过一个班，全班都是幼儿园年纪的孩子，因为大多是独生子女，所以对于分享、等待、轮流等礼节，都不太熟悉。整个课程过程中就持续听到"我先""我要""不要给你"等比较自我的字眼。当然，这个年纪的孩子，确实是比较以自我为中心。但是，在当时的课程当中，却没有听到妈妈们对于孩子做出应该有的提醒。如果仅仅是以"做菜"为目的，那么老师听到这些话，或许就让这件事过去了吧！

换个方式来说，如果今天是以"教孩子"为主，这种需要引导的行为，就会被列为是重要的内容。当时我和孩子说："来，我们来练习换个方式说话好吗？你可以说：'老师，请问我可以用这个搅拌器吗？'"虽然字数比"我先"和"我要"要得多，但这些话可一点儿都不矫情。

再者，说到上课的态度：从那些被告知可能已经"很厉害"的孩子身上，我可以感觉到上课时，他们的行为举止中会不自觉地发出一种"这我已经会了"的信号。如果我还是以教做菜为主，我想他做不做，或者态度好不好，对我来说一点儿都不重要，只要最后他把东西做出来就好。很多时候，孩子需要提醒，但是大人却对这样的情况视而不见。想想现在的孩子，不乏被过度溺爱的，被不恰当夸奖的，生活自理能力不足的，还有被大人过度"尊重"而"扭曲"的孩子。

"教孩子做菜"这件事真的不难，重点是做菜过程中我们是不是也能教给孩子一些基础的人生道理。做菜只是教育的一个媒介，老师的出发点不同，孩子得到的也会不同。所以，"教孩子做菜"，"做菜"这个部分其实是最简单的。

做菜这件事，可以从很多方面让我们有所收获，就看你如何看待这件事。可以只是很简单地和孩子完成某个作品，一起享受烹饪的过程；也可以是让孩子在这当中认识之前没有见过的食材，知道食物的来源，然后学会珍惜食物。

而我现在要谈的是更深远的影响，是连大人都必须要好好准备的过程。每一件成果，大部分都归结于我们以什么样的心态出发，然后发展成我们想要的样子。

和孩子一起做菜的过程中，有很多有趣的故事发生，而这些故事的背后有着不同的含义。我认为，大人也要做好准备，这些你看到了吗？有发现整个过程中孩子的变化吗？经由做菜这件事，孩子的价值观、性格、人际关系、处事的能力得到了良好的培养。对，它就是这么神奇啊！

★给小孩们……

思考逻辑

上餐桌礼仪课之前，我会先用投影片介绍一些基本的餐桌摆设规矩，接着便告诉大家“左手拿叉，右手拿刀，餐具从外往里使用”。我讲完之后，便问孩子有没有问题。马上有人说：“左撇子就不行啦！这样很难切呀！”“为什么不能从里面往外面吃？如果我有一道菜不想吃，那餐具可以跳过吗？”这类开放式问题经常在我的教室出现，我不帮他们解决问题，而是要他们自己去想办法解决。

当孩子们习惯发问、习惯表达，就等于习惯思考。思考有一来一往，如果一下就给答案，思考就停止了，习惯了这种方式，就变成了习惯等待答案。另外一个重点就是要给孩子答错的权利，或许答案不见得正确，我们也可以跟孩子说：“这个想法很好，可以参考，但是让我们再想想看还有没有其他的答案。”这比一声“错”更能激发孩子继续思考的能力。

除此之外，先后次序、时间管理，也都能训练孩子的逻辑思维能力。教室只有一台烤箱，有一次我们要做九条蛋糕卷，两人一组，要打蛋白、筛面粉、搅拌，最后入模进烤箱。我们居然不浪费一点儿时间，像工厂生产线一样，两个半小时全部完成。制作的顺序，也是我和孩子一起商量后行动的。我们一边做一边调整，从错误中学习，这让孩子有了更好的主动性。

沉稳 & 耐心

课堂上有很多料理的制作过程都需要我们学会等待：等锅热，等水滚，等面团“长大”。在几乎都是“在被赶着走”的当下，放慢脚步等待，反而是孩子们需要学习的“功课”。从早上起床就被赶着刷牙、吃早餐、上学，然后回家后被赶着写作业、洗澡、睡觉。这样赶的时间里，我们却一直抱怨孩子没耐心，什么事情都是三分钟热度。就算孩子想做，也常常被打断！所以，在厨房里，大家一起调整脚步，慢的孩子会试着追上快的孩子，快的孩子会试图等待慢的孩子。大家就在一种无形的默契中学会了等待、包容和沉稳。

胆大心细 & 创意 & 表达力

没有自信的孩子总是在等待指令，等待告诉他所谓“对”的指令。从前的经验告诉他们，照着老师说的做准没错。没想到在这里，老师一直说：“做自己的，不要跟别人一样。”老师也不做样品让大家照着做，所以刚开始他们都说“不会”。后来发现成品不会有，比赛也没有排名，于是开始有了自己的想法，开始展现自己的能力，开始说出自己的蓝图。应试教育下的孩子，很怕没有答案可以遵循，却也没想到，有的时候，自己就是答案。

团队合作 & 包容、体谅 & 不抱怨地学习接受

一个人可以自己想做什么就做什么，每增加一人，就增加完成事情的困难度。咦？不是越多人越快完成吗？如果是一群没有共识的人，给他们三天都完成不了，更何况是要在短时间内达成目标。团队合作是需要学习的，一项工作完成后，你会发现，了解自己的孩子，会马上选出适合自己的工作，有领导才能的孩子会马上进入指挥状态，开始询问并给其他孩子分配工作。还有一种对团队活动不熟悉的孩子，他们会等着被分配工作，或是开始反抗，因为他不想做被指派的工作。这时候要进入沟通协调、包容体谅及学习接受的团队工作模式。在大人不插手的状况下，请孩子好好享受用自己的方式解决问题的过程。

收拾整理 & 建立秩序

工具使用后就要懂得收拾。在家或许不需要，但是我强烈建议将这部分纳入家庭活动中。从他们一开始的“圈定”工作范围开始练习，用一条抹布加上一块砧板隔出工作空间。做完之后，那一块地方自己必须负责整理干净，地上也是。有比较大块的垃圾要捡起来丢掉，吃饱后碗盘也需要自己收拾。这是一种自律和负责的态度，我只会在旁边说：“加油喔！Amanda 没有准备要帮你们收哦！因为今天我的部分已经结束，就是很认真努力地教你们做料理。谢谢你们也非常认

真努力地学习，你们最后的工作就是收拾。”孩子们有很大的能力，大人请不要一直跟在他们屁股后面收拾烂摊子。把孩子们的工作甘愿地还给他们吧！

★给大人们……

认识自己的孩子 & 观察孩子 & 发掘孩子专长

自己的孩子怎么会不认识？当然，这里说的认识不是外表长相的认识，而是相对于你看到的外表更里面的那个孩子，你是不是真的认识。很多父母花很多的时间观察别人的孩子，看他们去上了什么课，去学了什么才艺，回家就跟孩子说：“我看那个谁谁谁去上了大提琴的课，看上去真有气质，你也去上好了。”或是“我看隔壁的谁谁谁去补习了英文，现在都会跟外国人聊天了，我帮你报好名了，英文很重要。”孩子就在这种不断地被决定下一步要如何走的日子中迷路了。每个孩子生来都有属于自己的特质与能力，在成长的过程中，却不断地被打扰和阻断。从一个简单而轻松的环境，从最能让人放松的行为“吃东西”开始，仔细看，孩子会从厨房工作中慢慢告诉你，其实我是这样的小孩啊！

学习放心和放手 & 赞美 & 练习回应 & 减少唠叨

厨房里的事说是轻松，其实也充满了许多危险和挑战。和孩子一起在厨房工作的时候，是考验亲子关系及互动的大挑战。大人必须适当地放下自己的成见，去接受孩子们的创意及想法。孩子也必须学习如何聆听大人们的指导，避免不必要的危险。这一来一往之间，大人学习祝福自己的孩子，不要心里只想着“他不会”“等等，也许孩子会受伤”之类的问题。用更正向的语言，明确地指出孩子做得好的地方，“你好棒”这样模糊的字眼其实可以提升成：“哇，你把肉切得大小刚好啊！刀功不错喔！”孩子在做事的时候，也请停止在旁边唠叨的习惯，可以适时地提醒，但请不要永不止息地指示。

拥抱 & 把爱说出来 & 相信自己的孩子

相信自己的孩子这件事我也还在学习，我的女儿曾经提醒我：“妈妈，我都不害怕了，你为什么要害怕？”这是在她十岁的时候，想要自己去美国找她的好朋友，而我们在聊这件事情的时候，我还在担心她沟通及转机方面的问题。父母的担心是正常的，不过很多时候的担心，确实让孩子感到我们对他们的不信任而停止他们的进步。当然那一次，我女儿并没有成行。而我的确有些后悔自己当时没有相信她。拥抱，是让人感到放松的动作，把爱说出来，是对关系的确认。这些都可以从厨房出发，让我们和孩子拥有更好的关系，帮助每个孩子找出自己的亮点吧！

厨房里的 12 堂生活练习课

为什么要和孩子一起做菜？因为在餐桌上、厨房里的亲子交流，是课本上、才艺班里学不到的！

Wessex Mill
Strong White
Bread Flour
great taste
1.5 kg

有方法的规矩训练

刀叉该如何用？筷子该怎么拿、怎么摆？如何在餐桌上表现得符合礼仪？厨房里的炉火、刀具又该如何使用？先别急着规定孩子不要动、不要拿，鼓励他们去试试，这是给孩子们的小小“种子”，之后还要请大人们给孩子们“发芽”的机会。

从头开始学习
餐桌礼仪 &
使用刀具

开一扇窗，
让孩子可以看得更远

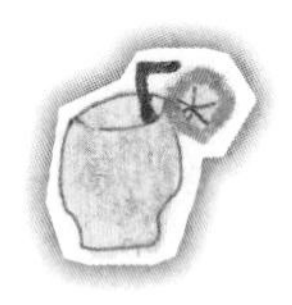

孩子需要在家以外的地方，
尝试一下不同的生活练习。

做完料理，大家一起把做完的东西吃光光，是每次烹饪课的高潮。孩子会选择使用他们喜欢的餐具，例如叉子、汤匙、筷子，或者是手。孩子们一起吃饭的气氛是愉快的，因为他们可以自由选择，用手捏菜、用叉子叉起整个三明治吃，或是用筷子当竹签，把一堆菜穿起来吃。当然，有很多地方是无法让孩子们这样放松地吃饭的。因为正是在那些地方，孩子们需要学习怎样更恰当地融入不同的场合。相处融洽不一定是跟人，有时候跟整个气氛和环境也有关系。于是，我开了有关餐桌礼仪的课。

自己拿刀时要注意安全，
交给其他人时更要当心，
别伤到自己或他人。

对于第一次上烹饪课的孩子来说，动刀铲这件事，是有几分危险感的。孩子们并不一定会受伤，只是我们会更重视引导受伤之后孩子的心态。

记得女儿还没满两岁，她就跟着我在厨房里进进出出。我煮汤烧水的时候，也会担心她受伤。她第一次煎蛋，被锅边烫了一下，哭得满脸花。我一边用温和的口吻安慰她，一边替她用凉水冲洗、处理伤口。当时她就说："我不想再做饭了，锅子好恐怖。"第二天我要做中午饭时，还是请她来帮忙，结果她一口就答应了。我们母女俩又在厨房里一边哼歌一边做菜了。

在教小朋友做菜的这么长时间里，有人被菜刀划伤过，有人被锅子烫到过。我也发现，孩子之后对下厨害怕与否，百分之七八十都取决于大人的态度。儿童班没有家长陪同上课，就算孩子在学习过程中受伤了，我们也从不大惊小怪，只是尽快替孩子处理伤口。最后也会拍拍孩子，提醒他下次要小心。

亲子班因为孩子们年龄小的关系，通常都是由家长陪同的，在家长的监督之下孩子仍有受伤的可能。有一件事让我印象深刻。那是一个五岁多的小男孩，妈妈从一进教室开始就一直在他的耳边提醒他："一会儿烫的东西不要摸，不然烫到你就留疤了！""如果要切东西妈妈可以帮你切，刀子很危险，割到会流血。"我看着孩子还没开始做菜，脸上就流露出不安的表情，似乎一会儿就要发生不幸的意外似的。

就在切马铃薯的时候，我听到背后传来一声惊叫："切到啦！就跟你说我来切，你就不听！刀子怎么可能不会切到手？"原本孩子还没有哭，但看着歇斯底里的妈妈，最后还是哭出来了。我赶紧过去先安抚妈妈，再把孩子带开，跟妈妈说我们会处理。结果我们一转身，妈妈就赶紧把孩子没切完的菜替孩子全部切完了。

我替孩子把伤口包扎好，问他："痛吗？"他回答地很有趣，他说："不痛，但是我妈妈比较可怕。"此刻我想我懂他要表达的意思。

如果孩子是"左撇子"，就让他们用左手吧！

父母爱护和保护孩子，这是很合理、正确的。只是有时太过于小心及把小事夸大，会让孩子少了再试一次的勇气，却多了遇事退却的心态。受伤这件事，让孩子学会使用工具时要小心，使他们更专注于要做的事情上。上课中，孩子们也会相互提醒要小心要注意安全，也不会拿着刀子嬉闹。对于烤箱和热的锅子，他们保持的是一种谨慎的态度，而不是害怕。

大声斥责或是惊慌提醒的方式，并不会让孩子之后一定一路平安。要让孩子学习面对危险，更要让孩子知道其实人生也是如此。孩子受伤之后是逃避，还是调整自己的处理方式再去面对，这与大人的引导，有着微妙的关系。

实践A 用小孩专属的用餐垫辅助

“应该是左手拿叉右手拿刀，但是我是左撇子啊！”“应该是餐具从最外面往里面用，那如果我不想吃那道菜可以跳过吗？”孩子们总是能提出准备推翻你的问题，但这却是他们很真实的反应。我说就当成是在玩跷跷板吧！左边用完换右边，有时候也要两只一起用。像玩游戏要排队一样，让小个儿的孩子排前面，大个儿的排后面。

做张摆设图吧！让孩子自己画，从涂鸦当中认识餐具摆放位置。

实践B 根据孩子的年龄选用合适刀具

“在我的烹饪课上用的刀子都是真的！”我常这样说。但是很多人觉得上孩子的课，用假的刀子就好。但是以我多年的经验来看，孩子用越钝的刀子，越不好用力，更容易导致受伤。例如，免洗餐具的刀子，握把扁扁的，更不利于小小孩使用。大家发现了给年纪小的孩子使用的汤匙、叉子的握把都做得“胖胖”的吗？连画画的蜡笔都是。当孩子的手还不是太会控制把握物品的力度的时候，能一把握在手里的工具最适用。

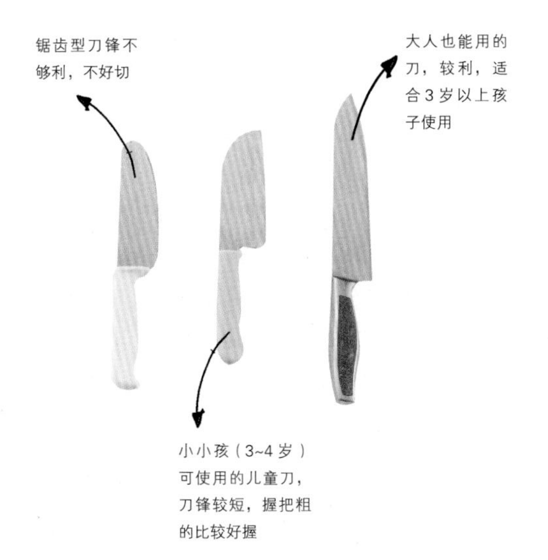

现在，市面上已有为孩子设计的“学习刀”，刀子有不同的尺寸，孩子可以选择握把好握、长度使用起来顺手的。刀子的前端通常都是钝端的，只要能教会孩子如何正确地使用刀子，刀的锋利程度不会是问题。我不以年龄来划分孩子用什么尺寸的刀子，而是根据孩子们的生长状况即肌肉的发育情况和使用刀子的能力来选择刀具长度，这样更能找出每个孩子适合的刀具。

由简入难，渐进练习用刀

练习使用刀具时，让孩子们根据不同的食材分类来进行不同阶段的练习。例如，对比较小的孩子及没有使用过刀子的孩子，可以给他们较软的食材练习，从豆腐、香蕉、叶菜类等既好拿又好切的开始下手。切的时候要提醒孩子：不管是用左手还是右手拿刀，另一只手都要五指微分扶稳食材，眼睛看着切的地方，看准再切。

每次下刀，在手眼协调力得到锻炼的同时，将建立起与刀子之间的使用默契。

切菜的时候我会培养孩子身处工作台的良好习惯：切菜的地方先放上一块湿抹布，接着再放上砧板，以防止砧板滑动。使用时，刀子横向、刀口向外于砧板上方（刀柄的方向随着孩子的惯用手的摆动而改变）。刀子使用完毕，提醒他们放回原处，家长再收拾刀子。尽量不让孩子拿着刀子走动或是自己去洗刀子，最后用砧板底下放的抹布整理桌面。

各种刀具、其他工具的使用方法

削皮刀：使用时将食材摆在砧板上。一只手握住食材，另一只拿削皮刀的手从食材中间往外削。把一半的皮削完，接着再滚动食材，转过来削另一边。

刨丝刀：可以买底下附着盒子的款式，这样孩子比较好操作。如果没有，也可以把刨丝刀放在大碗里，固定位置，以确保刨丝刀不会滑动，再握住食材往前刨丝。如果真的怕磨到手，可以戴个棉质厚手套，再拿着食材刨。

磨泥器：因为磨泥器的表面有很多细小的突起物，所以在磨的时候要小心，不要磨到手。磨的时候可以用打圈圈的方式把食材磨成泥。

除了刀具，还有其他不同的工具，这些工具在使用时都要小心哦！

带孩子一起操作的小流程

步骤 1

事先告诉孩子餐具应该摆放的位置，让他们用画的方式记忆，像是刀子该摆哪边、盘子该放哪边。带孩子外出用餐时，他们就可以有一个自己专属的餐具辅助摆放图啦。

步骤 2

切菜时，让孩子有身处工作台的习惯，切菜的地方先放一块湿抹布，接着再放上砧板，以防止砧板滑动。使用时，刀子横向、刀口向外于砧板上方（刀柄的方向随着孩子的惯用手的摆动而改变）。另外，不管是左手还是右手拿刀，另一只手要扶稳食材，眼睛看着切的地方，看准再切。

步骤 3

带孩子烧水或者炸东西时，要选择较重的锅具，因为这种锅具摆在炉火上加热才较稳，可减少因锅具摇晃而产生的危险。若选用单柄锅，记得将锅柄向内，以防打翻。做菜前，可让孩子们给锅里加水，并提醒他们不要加太满，大概五至七分满就可以了，否则水烧开了会溢出来。

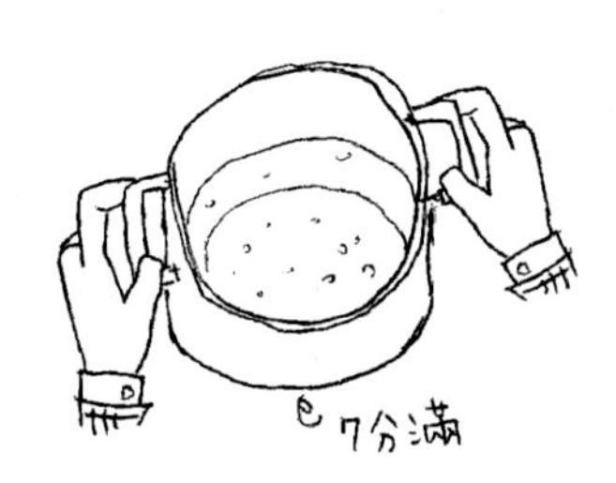

NEXT PAGE >>
试着来做菜吧！

什锦炊饭

让孩子练习切切剁剁后的食材不要丢掉啊！不要觉得丑，把菜和米一起煮，简单、美味又能吃饱的炊饭就完成啦！

食材

白米……………2 杯
昆布……………1 小块
水（或高汤）……2 杯
香菇……………6 朵
胡萝卜…………0.5 根
豆腐皮…………1 块
甜豌豆…………5 片

调味料

酱油……2 大匙
味醂……2 大匙
盐………1 小匙
清酒……1 大匙

做法

1. 先将两杯米洗净，泡水15~20分钟，沥水，备用。
2. 将香菇、胡萝卜和甜豌豆切成丝，豆皮也切成粗丝，备用。
3. 电饭煲内放入米和水，再将所有材料（除了甜豌豆）铺在米上，按正常程序煮饭。
4. 电饭煲跳起后，焖 20 分钟，接着再将豌豆丝拌入，将所有材料与米饭轻轻拌松，最后再焖 5 分钟即可。

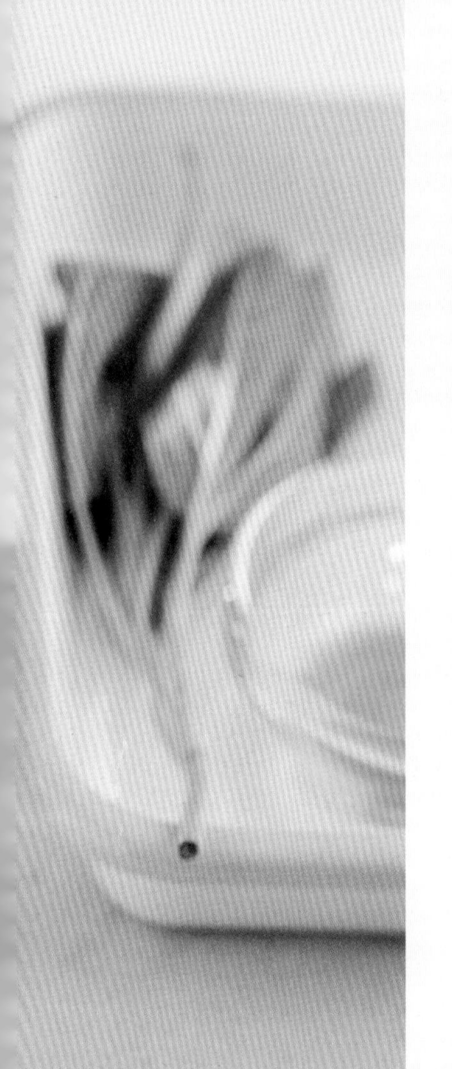

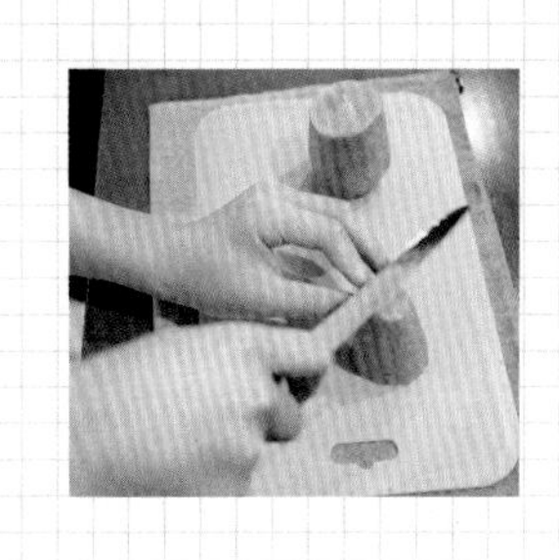

认识工具

可以带着孩子一起切蔬菜，让孩子认识不同的刀工切法。重点是要熟悉刀子的使用方法，刚开始不必要求要切得多准确。

当孩子认识了刀子的用法，熟悉了自己每次做菜的工作环境，并建立了一套用刀的安全流程后，再接下来的任何料理我们都能和孩子一起动手做，因为他们已经有了保护自己的能力。

LA
FRAISE
Le petit gâteau très délicieux devient le
Afin qu'aujourd'hui soit un jour spécial pour toi

彩蔬鲭鱼魔鬼蛋

小孩最爱剥蛋了，蛋的表面滑滑的，一不小心就会“逃走”。在学会控制刀子之后，孩子们开始向更难的刀工挑战，从切成条状到切成丁状，这是很大进步。

食材

红椒……………1/3 颗

黄椒……………1/3 颗

鸡蛋………………5 个

薄盐鲭鱼………1 片

洋葱……………1/4 颗

葱………………1 根

盐及黑胡椒……适量

做法

1. 将鸡蛋放入水中煮至熟透，剥壳后切成两半，取出蛋黄。（将蛋放入冷水，煮至沸腾，沸腾后再煮 10 分钟，关火再焖 3~5 分钟。水沸腾后，用汤勺轻轻旋转全部鸡蛋，这样煮熟后蛋黄就会置于中间）
2. 烤箱预热至 180℃，放入鲭鱼烤约 15 分钟，取出放凉，用手掰成小块鱼肉。
3. 将黄椒及洋葱切成小丁，将葱切细末，用叉子弄碎蛋黄。
4. 取一只大碗，将所有处理好的材料混合均匀，加适量的盐及黑胡椒调味。
5. 最后将约一大匙的馅料填入蛋白中即可。

MEMO

带孩子这样试

切丁

有了之前用刀的经验，孩子们这次就要挑战将食材切成比较小的丁状了。可以让孩子先将彩椒切成长条状，然后再慢慢切成小丁状。切洋葱对孩子来说比较难，因为洋葱会让人流眼泪。切之前，可将洋葱先泡冰水或放入冰箱。

水煮蛋剥蛋壳

蛋放凉之后轻敲，让孩子慢慢剥下壳。或取一个保鲜盒，放入蛋，加入一些水，盖起来摇一摇，蛋壳就很容易被剥掉了。用线把蛋切成一半的方法，很适合小小孩。

老师有话说

关于这堂课……

孩子学了餐桌礼仪，并不一定从此就能乖乖坐在位子上吃饭，知道如何使用刀子后也不会从此就跟刀子和平相处。大人们总是把小孩的世界想得太简单、太容易控制。教孩子餐桌礼仪，是想让他们了解为什么在餐厅吃饭时常常被大人责备，原因是什么？原来在餐厅我们是不可以跑来跑去的，因为端餐的哥哥姐姐手上的餐点可能会因此被打翻，或许会烫了你，或许会给别人带来不便。

大人的世界有许多规则是孩子们还不了解的，他们在了解之前只会用自己的方式去解读。带孩子去餐厅之前，我们是否有先让孩子知道我们要去哪里用餐？该注意的地方有哪些？越小的孩子，专注力和耐心越不足，当我们带着孩子去聚会聊天的时候，其实我想很少人会想到，孩子其实是陪大

人去的，而且他们会很无聊！接着就会上演大人抱怨小孩怎么不乖乖坐好，还要一边骂小孩一边和朋友聊天，搞得自己精疲力尽，然后变成一只“喷火恐龙妈”。

这堂课，只能粗略地让孩子们了解为何必须“乖乖”地坐着吃饭。**这不是强迫，而是要让他们认识到在某些环境中，他们要学着有恰当的行为。不是要避免自己被骂，而是要学着对自己的行为负某种程度的责任。**

其实，最好的方式是根据孩子的年龄层选择适合的餐厅。有些比较正式的餐厅，或许不适合带太小的孩子一起去。这样讲，难道孩子长大之前都不能进出高级餐厅吗？不，应该是说，就算夫妻两人想要小浪漫的约会，也要能把小孩考虑进去。或许请别人帮忙带一下孩子，都比把孩子带着一起，然后搞得“两败俱伤”来得好。

至于学习刀具的使用方法，目的是要让他们真的熟悉工具，知道自己在厨房里应该如何开始操作，并非仅为了防止受伤。在每次使用刀具时，我只提醒他们请拿好刀子，眼睛要看准切的东西，扶着食材的那只手要手指弯曲着靠着刀子，不要跟旁边的人聊天，因为这样很容易分心，受伤的机率就会提高。**我从来不喜欢恐吓孩子和事先就预计孩子会受伤，我告诉孩子应该注意的地方，接下来就是孩子自己的事了。如何保护自己不受伤，这件事不是我应该做的。如果我持续地保护，只会让孩子没有自卫能力。**

这是教导孩子有关责任和相互间信任的课，规则必须提前跟孩子讲明白，这样孩子更容易适当地进入状况。很多时候，大家把尊重孩子和订立规则做一个冲突性的比较。说实在的，它们不冲突，只是大人往往不知道该怎样同时进行。

PRACTICE 02

保护自己，与危险共处

“厨房里的东西很烫，很危险，不可以摸！”是我课堂中的许多家长会对孩子说的话，大人虽然是出自保护的心，但是他们设下的隐形界线，减少了孩子从小学习保护自己、锻炼面对危险时处理能力的机会。

水&油的
烹调使用

别把孩子挡在危险前面

孩子其实一直都在备战状态，
等待我们给他们学习的机会呢。

“厨房的工作不是很危险吗？”“一次带这么多孩子，你怎么不会怕？”许多家长都曾这样问我。对于第一个问题，我的答案是肯定的，厨房里面有刀有火，有各样的工具与炉具，一个不小心，绝对会让自己或别人受伤。但说真的，我从来没怕过或担心过。因为我相信，带孩子上课时的镇定态度，给孩子创造一种氛围，有一种感染力，让孩子们也跟着我，沉着冷静地在厨房里“见招拆招”。

我与许多第一次带孩子来上课的妈妈聊天时，发现大家并不希望让孩子碰家中的炉火，在孩子小的时候，就在厨房外画上一条隐形的界线。大多数家长会传达给孩子的是厨房里的东西很烫，很危险，不可以摸，不少孩子是这样被吓大的。孩子们在成长过程中，在家里只要经过厨房，就会下意识地绕道而行，久而

久之就对厨事远离，而家务当然就更与自己无关了。我想，家长们这样做当然是出于保护孩子的心，希望孩子们免于受到危险伤害，但这种“替孩子挡在危险之前”的举动剥夺了他们认识危险、训练反应能力的机会。其实，换种方式，远比事前设限来得好。对孩子说“你可以来摸摸看”代替“那很烫，千万不要摸”，让孩子更能实际体会并感受温度的威力。**请记住！孩子有一种特殊的本能就是：明知山有虎，偏向虎山行！**

从打蛋开始，让小孩自己动手，在自己动手的过程中锻炼逻辑思维的能力，脑中闪过的是下一步该怎么做。先有了信心，才会有动力，之后建立能力。

在我的亲子烹饪课里，每种用水、用油的工作都是最好的教材！每次上课前，我都让孩子们先了解危险的存在，目的不是让他们感到害怕，**而是引导孩子思考，如何在面对危险的时候，用先前学到的经验保护自己，而不是逃避。**通常在第一堂课学习刀具使用后，我会安排大家学习用开水和热油烹调，因为油和水在加热之后，也会变成危险的来源。这是厨房事务中，必须要学习面对的一环。我们可从最简单的烫青菜开始，锅子加水后开火加热，观察水煮开时冒出蒸汽的过程、食材下锅后的变化……这些都是有趣的事。烹调的过程，其实比化学课本上的内容还有意思呢。用轻松的方式跟孩子讨论，让他们表达保护自己免于受伤的方法，同时感受烹调乐趣。

当然，不是所有厨房经验都是顺利的，当孩子说“不敢”“不想”“不要”时，爸爸妈妈们别说“那就算了”这样的话，而是要先了解孩子

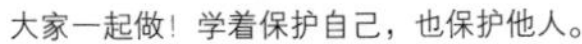
大家一起做！学着保护自己，也保护他人。

这样的笑容总会在孩子完成任务之后产生。

“不敢”的原因是什么，然后一起讨论解决。我喜欢让孩子发问，或请他们想办法，**每次要孩子们想办法的小小训练，就是锻炼他们自主思索解决问题方式的机会，不仅是运用在厨房做菜这件事上，今后他们不论在哪个成长阶段：面对什么困境，都能思考出各种办法去解决。**

而针对孩子们在课堂上的好奇心，我习惯用“一起做实验”的方式来引导他们。有次教做炸虾，我建议孩子们刮去虾尾巴上的水，避免下油锅之后油爆。孩子们听了之后，反而更想要看看水碰到热油到底会怎么样。所以我让他们后退一点儿，然后滴一滴水到热油锅中，让他们看到水碰到油时喷出的油花，孩子们非常享受那个噼里啪啦的响声。**做点儿小实验不但能回应他们的好奇心，也能让他们切实了解危险的存在**，接着我开始示范如何炸东西，并引导孩子们思考安全的做法与正确地使用工具的方法。曾有学生妈妈告诉我，孩子在课后回家和她一起做菜，做菜过程中反而是孩子在教她“炸的东西不能丢进锅里，要从锅子旁边滑进去”。通过做菜，孩子学会了面对危险与挑战，并找出解决办法，也建立了自信。这不是单纯自我感觉良好的无知，这是跟着孩子一辈子的能力，也是我想通过教孩子们做菜，让他们能够获得的成长。

实践A 从锅子开始的事前教育

带孩子烧水或者炸东西时，建议选择较重的锅具，因为有重量的锅子摆在炉火上加热较稳，不会晃来晃去，这样能够减少因锅具摇晃而产生的危险。若是选用单柄锅或把手较长的锅子，记得要把锅柄转向内侧，让孩子们不容易因为撞到锅柄而打翻锅具。做菜前，可让孩子们自己向锅内加水，并提醒他们不要加太满，大概五至七分满就可以了，否则水烧开了会溢出来。这些都是在开火前需要提醒孩子们注意的，并让他们养成良好使用锅具习惯的小技巧。

在厨房做菜时，有煮有煎，这时就能趁机告诉孩子“煮的东西很多时，不适合用平底锅哦”，让他们了解不同的工具要根据不同的实际状况来选用。

实践B 用“五感”实际感受物理或化学变化

开了火，锅子加热之后，水和油都会产生变化。这时候，带孩子以安全的方式观察水与油的变化吧！让孩子们用手接触水蒸气，微微感受其温度。或以筷子插入油中，观察气泡的状态，来判断油温，这时就要提醒他们不能直接用手碰了，要碰就得使用工具。水开了之后，也可以让他们观察青菜颜色及质地的变化，与记录下来的刚下锅时的颜色及状态等作比较。在烹调过程中，许多物理或化学现象很有意思，这比课本上的内容更有趣呢。

实践C 让孩子思考如何选择工具

在开水里翻滚的蔬菜，在热油里“奔腾”的海鲜，要稍作搅拌或者翻面时，应该要使用什么样的工具呢？建议家长让孩子们思考，可以利用什么样的工具达成目标，或者是提供建议的选项，让孩子自己选择。当食材料理完毕需要捞出来时，也是让孩子思考该该如何选用工具的好时机。捞出来后如何将水沥干，将油吸掉或滴干，都是可以让孩子们学习“想办法”的好时机。筷子也好，漏勺也罢，汤匙也行，不需要急着替孩子决定，也可以都让他们试试看使用效果如何，找出自己最喜欢也最拿手的工具，明确其使用方法。

实践D 不小心受伤时的正面应对

我的围裙里一直装着“创可贴”，教室里也有急救箱。如果孩子不小心切到了手，我从不大喊，因为焦急的音调会让孩子更心慌。我会视伤口程度给孩子做相应处理，这时他们最爱的事情居然是选自己喜欢的“创可贴”贴上。下次，他们再遇到类似事情，感觉也只是小事一桩。在所有的处理过程中，他们居然也都处之泰然。

带孩子一起操作的小流程

步骤 1

家长可以带着孩子观察油、水在烹调过程中的种种变化。如以手触碰蒸气，或者以筷子插入油里，感受温度的变化。

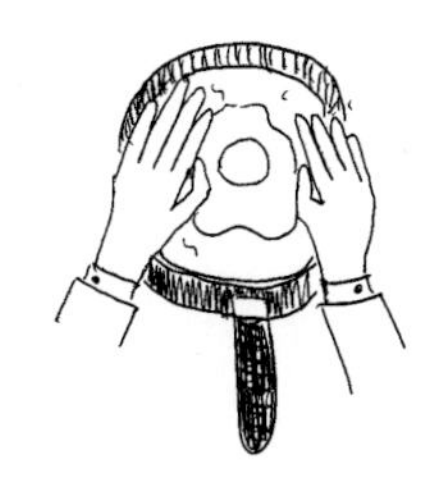

步骤 2

鼓励孩子变换不同的食材，如蔬菜、带水的海鲜等，并观察食材在滚水或热油中的状态变化。从刚下锅，到半熟、全熟过程中的颜色、质地的改变，用来判断何时熟透，何时该起锅。

步骤 3

引导孩子动脑筋，想想该以何种工具来取滚烫的水里或者油锅里的食材，并思考取出之后沥水、沥油的方法。

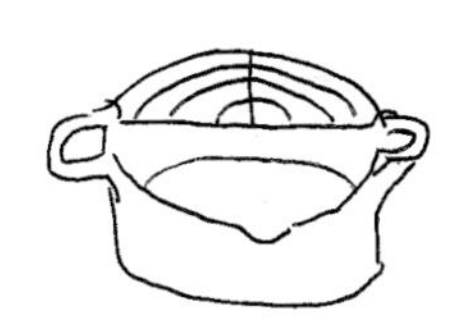

NEXT PAGE >>
试着来做菜吧！

水波蛋

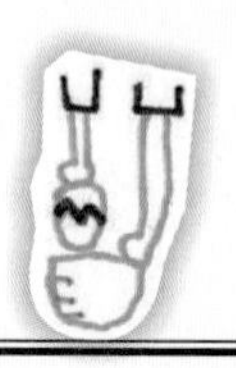

将蛋打入汤碗中，要求蛋要完整。入锅，要轻柔，要注意不让水溅起。蛋在锅中需要被好好“照顾”，否则就会成为蛋花而散落水中。

食材

鸡蛋……1 个

白醋……100 毫升

盐………0.5 茶匙

水………1500 毫升

做法

1. 将蛋小心地打入汤碗中。
2. 以中火烧热锅中的水，待微沸时加入盐和白醋。
3. 将鸡蛋小心地倒入锅中，用微滚的水煮 5 分钟，捞起，放厨房用纸上吸干表面的水即可。

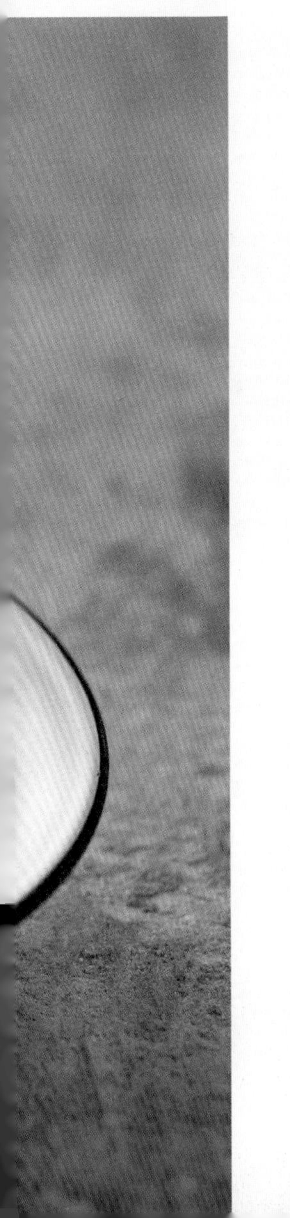

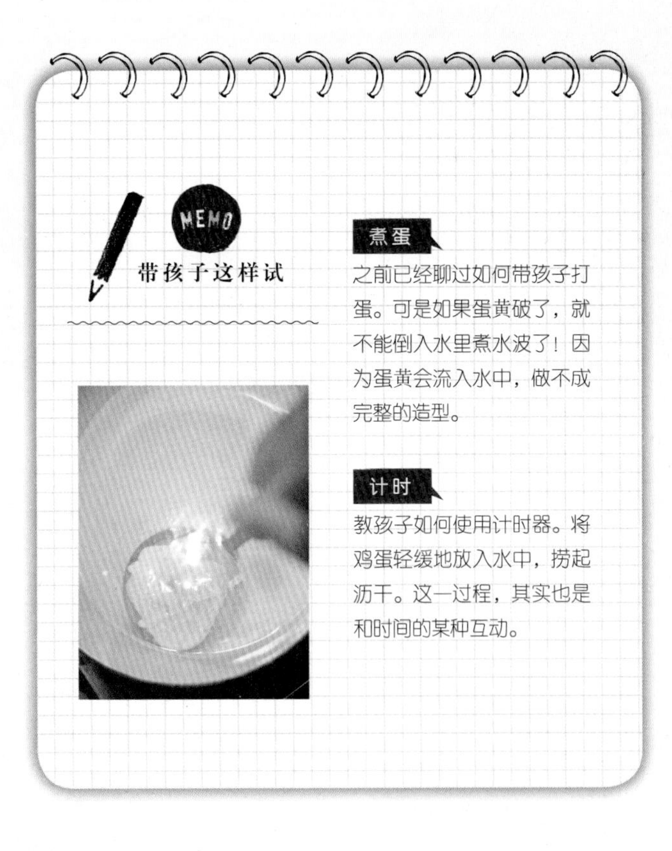

炸鲑鱼薯条

把鱼包起来的时候需要细心和耐心，下油锅时除了要避免自己被油溅到，也要顾及那像襁褓中的婴儿一般娇弱的鱼。

食材

马铃薯…………1 个

鲑鱼……………200 克

面粉……………2 大匙

盐及黑胡椒……适量

做法

1. 马铃薯先切片再切成丝，用盐和黑胡椒调味，拌入面粉，让其表面呈现微微糊状。
2. 将鲑鱼切成约 2 厘米粗的条状，用马铃薯丝将其均匀地包裹起来。
3. 锅入油烧热，用半煎炸的方式让马铃薯上色，起锅后沥干油，再蘸喜爱的佐料食用即可。

带孩子这样试

将马铃薯切成细丝

削皮时可根据孩子的能力，让他们选择适合自己的工具。

切丝要求孩子有比较好的精准度和小肌肉的掌控能力。越小的孩子，切出来的越粗，这是很正常的。只是这道菜的马铃薯如果切得太厚太粗，会包不上鱼肉。如果孩子愿意，可以让他从切鱼条开始练习。

老师
有话说

关于这堂课……

我们小时候喜欢玩一种游戏，就是在泥土地上挖一条长长的沟，然后在沟渠里倒入满满的水。有时候用石头挡在中间，看着水过不去而变成小池塘。有时候则是再各挖几条细细的小沟，观察水会往哪里流。孩子遇到危险，会本能地躲开，甚至逃避。这时，如果再加上大人们的夸大解析，孩子对危险的恐惧就像那颗堵塞的石头，危险的情绪无法“疏通”，只会肆意横流。让孩子自己找出一条解决的路吧！就像我们在旁边望着那水，到底是会往哪条小沟流去？没有一定的答案，因为每个孩子都有自己的解决方式。

现在，随着科技的进步，新式的厨房用具层出不穷，烤箱、蒸炉、空气炸锅或面包机等，样样都非常方便。但是我上课还是采用传统的方式，蒸就用蒸笼，炸东西就用一锅油去炸。这样做的目的是，要让孩子看到“蒸”为什么可以

让东西熟：从水开始煮，直到蒸汽出来，让孩子们看到，看起来像雾的东西其实很烫，会让食物熟，当然也能把你的手烫熟。以前，家长只是一味地让孩子离开蒸汽，说“小心”，说“很烫”，其实这些话对孩子都是无意义的，因为这些话太抽象了，孩子们根本不明白。烫？如何是烫？油开了为什么比水温开了温度更高？这些都是实践中有可能会遇到的。

唉呀，蛋打翻了！没关系，让孩子自己整理，下次小心就好。

和危险当朋友，学习与之共处，是保护自己的一种方法。国外有一些节目是讲求生的技巧，节目嘉宾会来到亚马孙丛林、深山里或冰天雪地中。你觉得节目组会随便丢一个人去吗？一定不是！去的人都对这样的环境很了解，而且拥有解决问题的能力。他们甚至可以把危险转换成让自己生存下来的元素。**我一直觉得，孩子就是需要这样的能力，大人喜欢制造“舒适圈”，小孩喜欢冒险。我们需要制造一个安全的“冒险舒适圈”，既可满足孩子的好奇心，又不致于对孩子造成危害。纸包不住火，还不如让他们的好奇心在适当的地方尽情燃烧吧**！

这是教导勇气和智慧的课，也是人生的实验课。遇到危险时我们当然可以逃，这是人的本能，但是厨房不是火灾或地震现场，不需要把它视为禁地。我们可以从这一小块的地方开始，让孩子认识危险，了解人生不是一直都顺利，去学着如何应付与面对危险。

PRACTICE 03

正视自己的恐惧与短板

摸起来湿湿软软的肉或海鲜，该怎么切？要怎么剥？起初，孩子或许会觉得害怕，甚至觉得恶心。当孩子遇到不喜欢、不习惯做的事，大人的引导方式或回应方式将影响孩子决定选择勇敢前进尝试或是退缩。

肉及海鲜的
烹调处理

创造敢于尝试的勇气

面对孩子感到恐惧的事情，
陪他一起想办法将恐惧的事变成有趣的事。

除了对海鲜会过敏的孩子，几乎大部分孩子都爱吃海鲜，尤其是喜欢虾和乌贼。但对于平时大多是吃剥好的、已熟的虾的他们来说，要把虾或乌贼“分尸”，他们不是大呼“好可怕”，就是面部扭曲表情夸张地说“好恶心”。或许是因为海鲜类食材的特殊气味，也或许是因为此类食材未煮熟前的软趴趴的样子，让从未接触过海鲜类食材的孩子们，在还没尝试前往往就在心中产生抗拒。

这样的心理是会相互感染的，一个孩子不敢摸，就会有第二个不要摸。刚开始虽然是我替大家处理，但处理的时候会问:“谁想帮我拔虾尾? ”至少让孩子从敢摸开始。当然也有原本就技巧娴熟的孩子，这时候就更好了，因为只要持续夸赞那个小孩，渐渐就有其他孩子围过去了。**很多时候，孩子教孩子比我们亲自教，效果更好。**

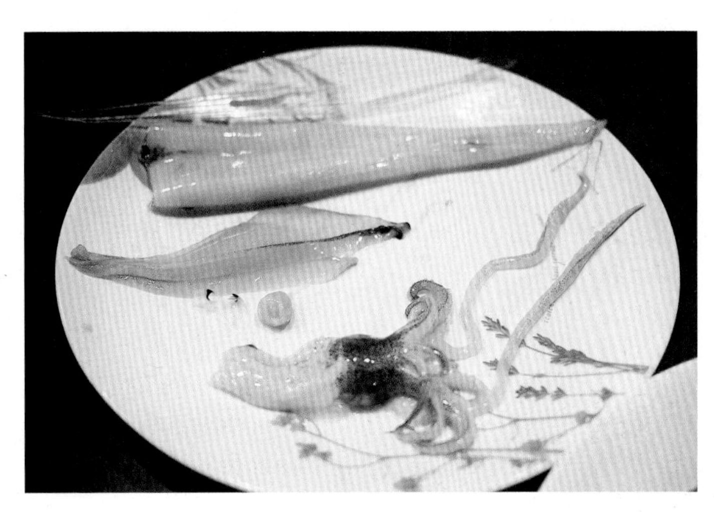

通常，我会选用冷冻虾当上课材料，但有一次，刚好买了活生生的虾，没想到却开启了孩子们的好奇心。原本碰到虾子就大呼“超恶心”的孩子们，见到活蹦乱跳的虾，气氛完全大反转，整个“嗨”了起来！一群孩子挤在虾前面，你一言我一语，因为他们正在想办法，要把这些虾弄晕。

“去找锅盖，去找锅盖，用锅盖把锅子盖住，没空气就可以闷死它们了！”有人想出干脆让虾子窒息的方法。又有人说：“不要啦！把它们放到锅里摇一摇，看它们会不会吐，摇到它们头晕！”嗯，孩子们连让虾吐和头晕的办法都想出来了。这些想法还真是只有孩子们才想得出来，我在旁边听了，憋笑憋得肚子都痛，因为我觉得这些办法太有创意了！但又要表现出认真尊重孩子们想法的样子。到最后，有个孩子说：“我知道了！我看过我老妈用米酒把它们灌醉，上次我们家买活虾回来的时候就是这样做的。”

于是，大家把酒倒入了装活虾的锅里，盖上锅盖，不过每隔两秒钟就忍不住打开锅盖看一下，观察虾的酒量到底好不好，最后的结果是，十分钟后虾都醉晕了。**当他们这样“玩”了之后，接下来再让孩子们剥虾壳，居然就比之前简单许多，甚至成为孩子们饶有兴趣的事情了。**

有时，我还会把当天的课变成生物课，虽然这样的课总是在尖叫声中进行，但实在是太有趣了！你可以看到有些孩子脸上挂着快要呕吐的表情；有的孩子捏着鼻子，再久一点儿我就要怕他断气了；还有的从头到尾拿着手机录下我的“解剖大典”的。

不敢用手碰，先用工具处理也是一个办法！

每个孩子学习和接受事物的方式都不同，所用时间也不同。虽然我用的是同一种教授方式，但是孩子们学习的效果差别很大。**我们要尽量激发孩子的好奇心，拉近他们与食材的距离，用趣味游戏的方式呈现烹调过程。**像处理鱼的时候，剖开鱼肚之后，除了告诉他们哪个部位可以吃，哪个部位不能吃之外，也可以顺便问问孩子们，有没有人知道鱼鳃的功能是什么？带着孩子们认识自己吃的食物，就像是上了一堂厨房里的自然生物课。

从感觉“好恶心”，到愿意触碰，进而处理、料理的过程，其实就是在帮助孩子们认清自己恐惧与不擅长的事物，并想办法面对。在厨房里如此，同样，孩子们每天在现实生活中也是这样面对新的事物。下一次，当孩子害怕的时候，试着和孩子一起想办法，甚至把自己变成小孩，想想为什么他会害怕。请千万不要用“怎么连这个都不敢”这样的话语来回应，这会让孩子更没自信、更退缩。大人的相信和陪伴是孩子勇气的来源。**陪着孩子一起面对，鼓励孩子想出办法后放手去让他尝试。这样每一次，都会看到孩子不同的成长与蜕变。**

“老师，这个好臭！”这样的表情是接下来训练勇气的开始。

像解剖课一样，这是虾子“脱光”之后的“裸体照”。

图片解说食材或带孩子去市场学习

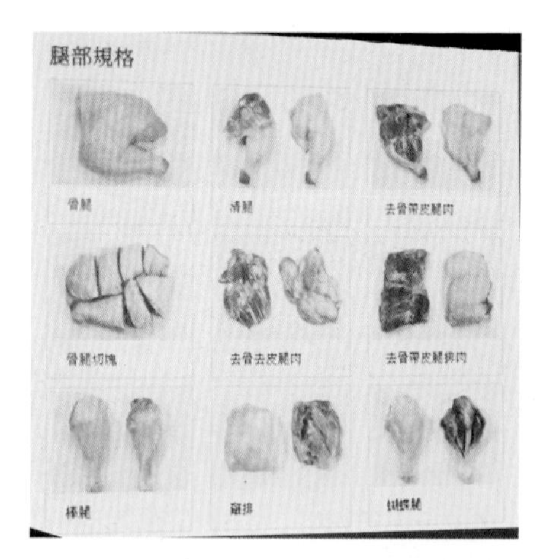

上这堂课的时候，我的方式就好像上生物课一样，用投影片带领孩子认识不同部位的肉，或用“解剖”的方式引起孩子们的好奇心。以乌贼为例，软软黏黏的乌贼，一向是孩子们觉得最恶心的食材之一。上课时我会先问他们，觉得乌贼像什么？有的小朋友会说“像外星人”，也有学生说它的触须像卡通里的怪物。不管是什么答案都很好，就让孩子说出心中最直接的想法吧！接着，我会以解剖的方式一步步示范。**通过这样认识食材、解剖食材，能引起他们的好奇心，一下子拉近孩子与食材的距离，减轻孩子们面对食材时的反感。**

实践B 先从敢碰触的食材部位做前处理

遇到孩子不敢碰的肉或海鲜时，就让他们先选一个敢摸的部位试试。如果他们不敢剥虾头，或觉得虾头很可怕、虾膏黏糊糊的“很恶心”，就建议他们反向操作：让他们从虾尾巴开始剥起，剥到头的部位时，再来想办法。想想是要拿餐巾纸包住再扯开好呢，还是用刀子直接剁掉虾头好。**让他们尽可能地表达自己想采用的方式，借此协助他们克服内心的恐惧。**

类似完成剥虾头的小任务，只要孩子愿意思考，就会变成很好的学习过程。多试几次之后，多数孩子都能够越来越轻松，也越来越有自信地独立完成这些当初内心非常排斥的工作。

做菜时，会有胆大的孩子，也有面露怯意的孩子，但是他们都在迈着自己的步伐走在相同的路上。

实践 C 不吝鼓励，语气请温柔且坚定

第一次接触时，孩子们通常不敢直接触摸生肉或海鲜。在食材解剖或图示解说后，我会先把食材传下去，让大家试着摸摸看。遇到无论如何都不敢摸的孩子，我会把肉放在他面前，告诉他："试试看，你一定可以办得到，我相信，再过两秒，你就敢摸它了。"这样表现信任孩子的方法，让孩子们在我的课堂上都好像被施了魔法一样，变得很有自信，愿意跨出最艰难的第一步。

即使孩子只用一个手指头碰了一小下，爸爸妈妈们也要给予大大的鼓励："哇，你办到了，真是太厉害了！你看，你真的摸了！"有了这个好的开始，孩子之后在尝试不擅长的新事物时，都将越来越有自信地去面对。

分解乌贼，孩子说像解剖外星人。他们正从自己的角度、用自己的理解方式，尽力去认识、接受、学习。

带孩子一起操作的小流程

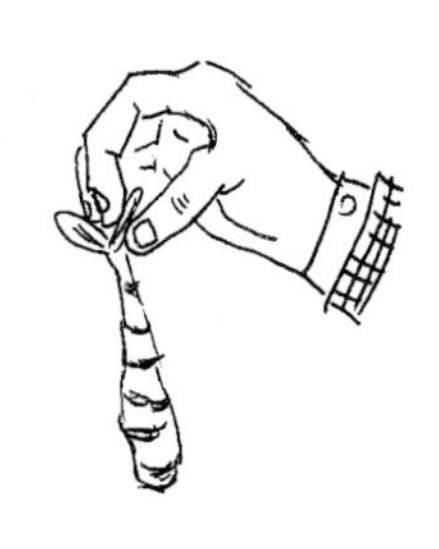

步骤1

烹调之前，要和孩子们一起“想办法”。比如准备了活虾，要如何剥下虾壳呢？或是遇到不敢摸的食材时，要用什么方法处理呢？让他们说说看。

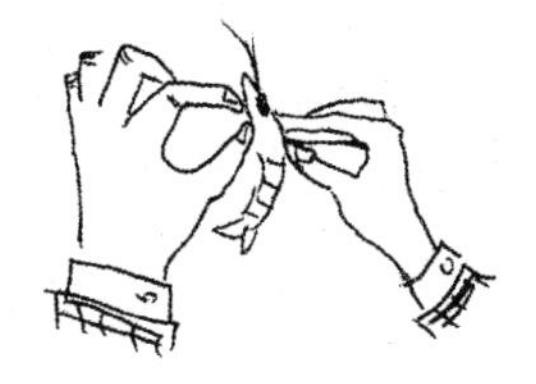

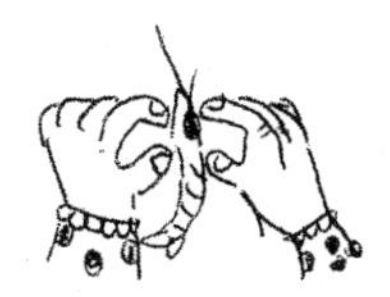

步骤2

大人先示范一次处理流程，并且在过程中提醒该注意的小细节与小技巧，比如先从哪里开始，或者哪边可以用纸巾盖住，以避免汁液乱喷等。

步骤3

教孩子以指尖轮流按压拇指下方处，用那部位的触感软硬度，来判断肉的熟度。比如，食指与拇指指尖相接时，手掌部分的肉柔软度是三分熟、用中指按压时是五分熟、用无名指按压时是七分熟、用小拇指按压时是全熟……类似这样的小提醒。

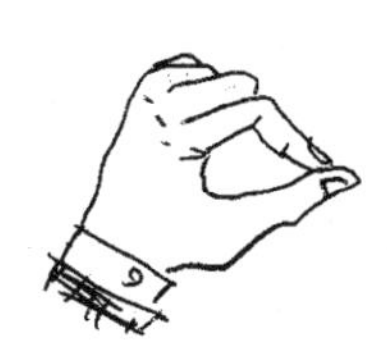

NEXT PAGE >>
试着来做菜吧！

海鲜意大利蛋饼

可根据自己的口味选择海鲜，重要的是让孩子练习如何和软黏黏的食材——虾、乌贼或鱼肉等进行“交流”，可以带着孩子一起去市场选购！

食材

洋葱…………半个

带壳虾………12 只

乌贼…………1 只

鸡蛋…………6 个

香片…………1 小把

盐……………适量

胡椒…………适量

橄榄油………适量

奶油…………1 大匙

做法

1. 将洋葱切成小丁。将虾去头去壳，开背后去肠泥。
2. 去除乌贼头部，并剥去其身体外面的皮，剔除内脏，清理干净，再切成一小段一小段的圈圈状。
3. 取一个可进烤箱的平底锅，锅中加奶油炒洋葱丁，用中小火慢慢炒至洋葱变软。
4. 将鸡蛋打散，用盐及黑胡椒调味后倒入锅中，均匀排入海鲜，撒上香芹末。
5. 以中小火先煎约 2 分钟后，将锅子放入烤箱，以 180℃烤 15~20 分钟，取出后在表面淋上橄榄油即可。

剥虾

先教孩子认识虾的构造，接着给孩子示范去头去壳，肠泥部分可用牙签挑出。如果是比较有经验的孩子，就请他们直接给虾开背去肠泥。乌贼要处理的部位较多，可以用游戏的方式，像解剖课一样把它处理好。

打蛋

也需要告诉孩子们小技巧，要敲蛋的中间，轻敲之后有裂痕，就可以用两个大拇指的力量往两旁扒。不要捏，因为一捏，蛋壳容易掉进蛋液里。

鸡肉奶汁西兰花卷

“蒸桑拿”的烹调做法，依序裹上面粉、蛋汁和面包粉。只要孩子学会这种做法，其他肉品也能灵活运用。

食材

鸡胸肉…………2 大块
西兰花…………1 个
面粉……………2 大匙
蛋………………1 个
面包粉…………0.5 杯
盐………………适量
胡椒……………适量
橄榄油…………适量

白酱

牛奶………… 120 毫升
鲜奶油……… 2 大匙
面粉………… 1.5 大匙
奶油………… 1.5 大匙

做法

1. 在鸡胸肉中间划刀，不切到底，让鸡胸肉开口成口袋状，用盐及黑胡椒调味。
2. 在锅中将牛奶和鲜奶油混合后，加热至微滚后放一边，备用。
3. 取另一个锅，放入奶油，用中火加热让奶油融化，再加入面粉。
4. “步骤 3”拌匀后，加入“步骤 2”的牛奶和鲜奶油，慢慢地拌匀成糊状。
5. 西兰花切小朵，放入锅中，水开后加入少许盐，将之煮软后取出切成丁，混入白酱。
6. 将花椰菜泥填入切开的鸡胸肉中，用牙签稍加固定。
7. 依序蘸上面粉、蛋液、面包粉，最后在上面淋上橄榄油。
8. 烤箱预热 180℃，烤 20~25 分钟即可取出。

切开鸡胸肉

将厚的鸡胸肉从中间切一刀。在这个过程中，大人可以帮助小小孩；大孩子需要注意切的深度，不要整个切断，只需开一个袋状的洞。

煮白酱

从锅中放入奶油开始，都可以让孩子跟着步骤做。把白酱和西兰花混合，填入鸡肉内（大人可以帮忙），这时需要把料填紧，并用牙签固定。接着蘸面粉、蛋汁及面包粉，孩子都很喜欢这个过程，所以让他们自己动手吧！

老师
有话说

关于这堂课……

我最怕蟑螂，尤其是会飞的，简直可以让我直接尖叫后倒地昏迷！但是这个症状居然在我生了女儿之后不药而愈了。那是一种除了面对还是面对的状况，然后习惯之后就习惯了的状态。当你看到孩子被吓哭时，哪管自己会不会害怕，根本就是空手都能抓，还能“快狠准”地让蟑螂在什么事情都还没搞清楚的时候就被消灭了。想想，许多困难或许只是我们想不想去面对和克服罢了。我在游泳方面还是无法面对和克服，因为我一直在催眠自己：“这辈子你都别想学会游泳了，因为你那么怕水和怕死！”但是看着身边原本比我更怕水的很多的朋友，居然都学会了，我相信问题是出在自己身上。

这样的课，尤其是海鲜类的课，对于很多孩子来说都是大挑战。有从来没看过活海鲜的孩子，有基本上虾壳都没自己动手剥过的孩子，当然也有一看到海鲜或软软的肉反应就跟我看到蟑螂是一样的孩子。

“可以不弄吗？”是小孩子最爱在这堂课上问我的一句话，想以逃避代替自己面对。这时就一定会有家长说：“不想弄就不要弄了，我来帮你弄好了。”要不就是：“没关系啦。不用逼他，算了啦！”当然基本上也对，不想弄就不要弄，不用逼，以后再说。（或许这也是我上课一概不让家长参观陪同的原因吧）如果没有三两三，怎敢上梁山？当然我的每个课程都会有方法让孩子克服恐惧，完成任务。美式足球就是这样，慢慢往前推进，往前一码是一码。

不敢摸，没关系，先看别人摸，接着孩子们就会因为觉得有趣、好奇，加上老师持续不断地鼓励，跃跃欲试地说：“要不然我也来试试好了。”这就往前推进了！当然可能只是摸了一下虾壳，就说了“好臭”“好恶心”，今天的课就没再碰过了，离达成目标还有一段距离。但是或许重复两三次这样的过程就能完成。学得快慢很重要吗？我不这样认为，因为孩子的节奏总会不同，最后能达到目的就好。

这是一堂学习如何不放弃，以及自我成长的课。能好好面对自己的弱点，然后打败它，是一件很酷的事！至于要花多少时间，不在此计划内。我要问的是，大人愿意花多少时间来等待呢？

PRACTICE 04

把不喜欢变成喜欢，勇敢突破

你最讨厌吃什么蔬菜？香菇、青椒还是胡萝卜？今天就选出一个当主角吧，用自己的方式把它做成各种料理，大口大口地把讨厌的蔬菜勇敢吃下肚！除了把自己讨厌的蔬菜做成料理，更要了解每种食材富含的营养成分，培养不挑食的好习惯，在生活中实践均衡饮食。

给孩子拥有一点儿勇气的助力

只要有方法、肯鼓励孩子，
或许他们就愿意尝试突破不擅长的事。

看着夹杂在一堆青菜里的胡萝卜，女儿拿着筷子在那里挑啊挑的。很快盘子里就出现两堆分好类的小菜堆，胡萝卜今天又被“三振出局”了。吃东西应该是一个美好的过程，所以逼孩子吃东西这件事情，我不会去做。大人都有不爱吃的东西，何况是小孩。只不过这次不吃，不代表这样食物就永远消失在餐桌上。女儿最后吃胡萝卜了，只是她发现做成沙拉比煮熟的好吃。

记得有一次，我上的课是做胡萝卜饼干。一位妈妈带着她五岁的儿子来上课。从削胡萝卜皮开始，我就觉得那个小男生应该准备夺门而出了。他连削皮都可以做出作呕的表情，更别

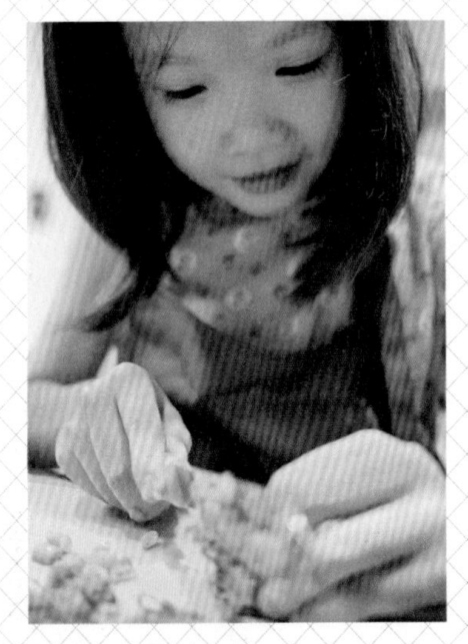

面对青菜，笑得出来的孩子不多，愿意尝试笑的孩子却很多，值得鼓励。

说等会儿要把它吃到肚子里了。我看着身旁的那位妈妈，不断地用鼓励的动作及话语，让小男生能继续完成削皮的工作。我偷偷地问妈妈："你儿子很怕胡萝卜吗？"她说："对啊！所以我故意让他来上这堂课。"于是，我也加入加油的行列，不一会儿，两根胡萝卜已经被削干净了，接下来刨丝的工作妈妈替他完成。在别人看来没有什么难度的削皮工作，这个小男生可是需要勇敢才能面对。烤完的饼干，**虽然他只吃了两口而已，但是对于不吃不碰的小孩来说，这就像阿姆斯特朗登陆月球一样，是迈出了一大步。**

把食物切碎，打成汁，改变外观形状，这些都是我们常常听到的解决办法。但是每个孩子的情况不同，书上看到的方法不一定全都管用。让孩子先了解食材，然后循序渐进地让孩子去尝试。如果水煮的不吃，那就跟孩子讨论可以用什么其他方式做。加在面团里？或是打碎了混合其他的食物一起炖。**让孩子参与制作的过程，如果可以，让他们一起动手做，就跟变魔术一样，通常自己做的东西，许多孩子还是愿意捧自己的场吃一下的。**

原来蔬菜不都是绿色的啊！提供不同食材让孩子认识。

让孩子多接触食物的原貌，也可以利用书籍或是影片，让孩子先了解吃进去的食物是什么。虽然很多人会认为这样做很麻烦，孩子要吃就吃，不吃就算了，要不就逼孩子几次也就吃了。以我的工作来说，我们的方法是另一种温和的方式。不吃葱油饼的孩子，让他从揉面过程开始做，将大把的葱末加入面团中时，他还是不情愿的。但当面团变成一片片香喷喷的饼时，你会发现孩子突然觉得葱变得可爱了，因为那一团面是他自己辛苦揉出来的，吃在嘴里的感觉当然不同。

那些挑食的小孩啊，找个时间和爸爸妈妈一起下厨吧！给自己不爱吃的食物变身，从这样的乐趣下手，不失为一种改善挑食的好办法喔！

实践A 跟孩子讨论如何变换烹调方式

对于孩子的喜好，有的时候家长实在很难掌握。同样的食材，今天喜欢吃，明天可能就觉得恶心。餐桌上愉悦的饮食气氛，多少会影响孩子之后对吃饭这件事的喜好。**对于孩子不吃的东西，不必在餐桌上演“星球大战”，可以鼓励孩子多尝试，但别一直唠叨孩子，更不能从此就不让这样食材出现在餐桌上。**

面对不喜欢的食材，我最爱和孩子们讨论，他们有很多自己的想法，让他们变成小厨师，自己设计菜单。像是不喜欢吃的胡萝卜，是不是可以将其打成汁做成面条、面包试试看呢？或是最不爱煮得烂烂的茄子，如果换成炸天妇罗的方式吃吃看呢？也可以拿出一张纸，让孩子自己搭配菜色，小一点的孩子就用画的，大一点儿的孩子当然变化就更多，可以画还外加笔述。让此类食材以不同的形态、形状重复出现在餐桌上。**孩子其实都是愿意尝试的，只是大人们要找到有趣并且适合自己孩子的方法。只要孩子有一点儿进步，都要大大地赞美与鼓励一番**，若真的还是不行，就再花一段时间，有时候失去耐心的不是孩子，而是大人。

实践 B 激发孩子对食物的兴趣与好感

前几天看到朋友发的一篇文章，觉得可爱却也有点儿伤感。一个大学生吃百香果的时候问大家："这个要怎么吃？""挖出来吃啊！"朋友回答他。"可是里面有黑黑的籽，要吐掉吗？"朋友问："你没吃过百香果吗？"他说："我只有喝过百香果汁。"

教课过程中，真的也遇到不知苹果有皮、芭乐有籽的孩子。因为平时大部分端到他们面前的水果，都是削好、切好的。所以我的课，从来不帮孩子先备料，一到教室所有的东西都是整个好好的。南瓜就南瓜，青椒就青椒，没有帮孩子先去皮、去籽这件事。如果家附近有传统市场，那是最好的教室，因为每个摊位的老板都是老师，随便你问。这样做的好处是让孩子亲身接触食材，去闻，去触摸。

如果没有，也可以带着孩子去超市逛逛看看，虽然有些食材可能都被包装或分切好了，但还是可以认识许多不同的食材样貌。**让他们了解原来吃的东西是什么，甚至可以让他们用相机拍下来做记录，画下来，写下来，变成一本自己的食材本，这对激发他们对食物的兴趣与好感是一个很不错的方法。**

放手，把决定权交给孩子吧！

有了去市场的经验，接下来可以让孩子试着自己列出菜单，买他想吃的菜。先买他可以接受的菜，**这时大人既然把决定权交给孩子了，就不要在旁边一直给孩子提意见，尤其是怂恿他买他不爱吃的菜**。这件事情是有助于孩子锻炼其策划能力的训练，大人们也请练习放手和忍耐（把嘴巴闭起来）。

从简单的工作开始，在孩子的脑中需要有逻辑的思考顺序。让孩子参与厨房工作，孩子自己辛苦做出来的料理，会更珍惜地吃光光。记得那次做葱油饼的课，上课前我让不爱吃葱的人举手，有三分之一的孩子都举手了，有人还默默地只举了一半。可是当两个小时揉面、切葱、擀面、煎饼的过程过去之后，您觉得谁的盘子里还会剩下葱呢?

带孩子一起操作的小流程

步骤 1

跟孩子一起去买菜、选食材，买时可以和孩子讨论喜欢的料理方式，天马行空都无所谓，和他一起想办法让这些食材变成他可以接受的样子。

步骤 2

和孩子一起讨论食材是否还可以有其他的变化方式，变成自己可以接受的样子，例如：变成饼干、面包等，以适合自己孩子的鼓励方式让他能至少尝试吃一口。

步骤 3

引导孩子在厨房里参与料理工作，无论是备料、协助洗菜，或是帮忙搅拌、摆碗盘，都能让孩子有参与感，更珍惜口中吃到的食物。

NEXT PAGE >>
试着来做菜吧！

Kerr
From The Makers Of Ball
FreshPreserving™ Products

胡萝卜果酱

不爱胡萝卜的孩子还不少，我们可以把它做成甜的果酱，可以单吃也可以抹在饼干或面包上。打果汁时把胡萝卜果酱加进去，不仅让果汁有漂亮的颜色，还能去除其草腥味。

食材

胡萝卜……450克
糖…………1.5杯
柠檬皮末…0.5大匙
柠檬汁……0.25杯
肉桂粉……适量
豆蔻粉……适量
盐…………0.25大匙
水…………0.25杯

做法

1. 将胡萝卜磨成泥，倒入深锅，和其他材料一起搅拌均匀。
2. 以中大火煮开后，调小火煮30分钟，要不时搅拌，避免粘锅。
3. 煮到胡萝卜软化、酱汁变亮后，熄火，放凉，再装瓶放入冰箱冷藏。

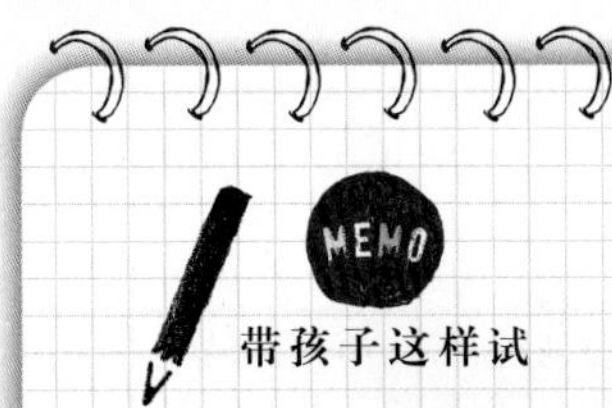

磨成泥

可以选用比较大的磨泥器。先把胡萝卜分成两半，或直接切成四个长条，让孩子比较好握。接着用画圆圈的方式在磨泥器上磨泥，提醒孩子别被磨泥器上尖尖的突起物磨伤了。

煮果酱

这是考验孩子的耐心和身体控制力的时候，因为需要不时搅拌以免粘锅。建议让孩子们使用木制匙，因为它用起来既不会觉得太烫，又好握，也好发力。

FROM
BOURNVILLE

缎带芹菜沙拉
佐酸奶花生酱

原应是切段的芹菜，挤上花生酱，摆上葡萄干。这里是把它削成薄片，比较好入口。制作的过程也会比较有趣。

食材

芹菜…………3 根
蒜味花生粒…2 大匙
葡萄干………2 大匙

沙拉酱

原味酸奶…1 大匙
花生酱……2 大匙
牛奶………2 大匙

做法

1. 用削皮刀将芹菜削成薄片，纤维较粗的芹菜可以不用。
2. 用刀将花生切成碎粒状，或将花生装入塑胶袋中，用擀面杖敲碎。
3. 调匀沙拉酱材料，再将芹菜条、葡萄干混合，最后撒上花生粒、淋上酸奶喝沙拉酱即可。

削芹菜

因为芹菜纤维较粗，请孩子们用削皮器慢慢削。将芹菜横放，从左到右，或右到左都无妨，以孩子的惯用手为准。前两次削下来的都就是较粗的纤维，可以留着熬汤，剩下的就让孩子慢慢削成条。

敲花生

敲的时候，底下可以垫一块布，让孩子学习控制力道，并不是一直敲。如何做到不发出太大的声音，又能完成任务这会是一个有趣的游戏。

老师
有话说

关于这堂课……

从陌生人变成朋友的过程也是需要接触一段时间的，从来不吃的食物要能放入嘴里，也需要一些感情的培养。通过认识食物、手摸的触感、味觉的传递，开始培养情感。当孩子说“难吃”“恶心”，不敢吃的时候，请用谅解的心态去接受，其实我们大人也不是什么食物都敢吃啊！

和孩子一起去认识食材，就像带着他们一起去认识新朋友一样，要知道新朋友的名字、新朋友的特点，一点一点地靠近，先从说“Hi”开始。**与其逼迫孩子，不如创造良好的互动环境，例如改变食物的形态，让原本孩子害怕的元素减少。**

再者，要有耐心和恒心，不是今天不吃以后就不会吃，也不是我们说了这么多尝试的方法，孩子一定买

账。**重点是先了解孩子不愿接触的原因，给他时间，慢慢和食物认识后，再来当朋友吧！**

在认识食材的过程中，不要抱着一次就能成功的心态，有些孩子是花了两三次的时间，才能有一点点的进步。这堂课的目的是让孩子重新面对自己的弱点，想办法做出改变。

有一次，我做了南瓜的全食料理，就是所谓的始末料理，从头到尾，从里到外都做成吃的。我们将削下来的皮炒成奶油焦糖口味，籽拿去烤；肉一半煮成浓汤，一半和米一起煮成饭。一开始孩子们看到南瓜都快昏倒了，因为没有几个人爱吃。然后又听到要从里到外都吃完，他们应该马上想回家了吧！

但是在那堂课上，我们从整颗南瓜开始，先选怎么样的刀比较好切，切开之后思考怎么把籽挖出来，还有怎么把皮和肉分开之后分开料理，大家无不开始动脑筋。一个南瓜给孩子带来的乐趣，是我自己都没想到的。

我喜欢直接给孩子完整的食材，我也不会替他们先处理好，就是要让孩子们在这些处理的过程中找到对这种食材的好感。后来，孩子们说：“其实南瓜也没有想象中的难吃嘛！”

触觉与情感的练习

孩子们习惯用自己的方式感受、接触这个世界，大人们学着接受每个孩子的不同吧。从触觉开始，引导他开启五感和尝试的心，和他一起享受这世界原来是意想不到得有趣！

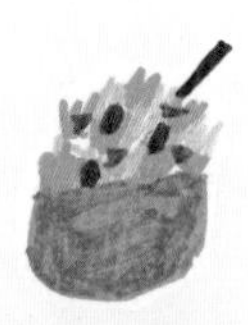

洗米 & 米食
料理

让孩子有机会去感受这世界

每个孩子表达情感的方式都不同，
学习观察、鼓励、接受他的每一面吧！

为什么把洗米这件小事和感受世界这个话题相结合，起因是想到我女儿小时候的一件事。女儿出生在夏天，大部分时间都穿得比较少，在家只包着尿布。我不愿把她包起来，我喜欢抱着她，让她用身体去感受周遭事物。在女儿一岁多的那个夏天，我选了个天气较阴凉的下午，带她去我教课的幼儿园玩沙。她的脚刚踏进沙坑时，整个人就像发狂似的要我抱起她来，哭着说她“不要”，觉得“好怕好怕”。想想女儿已经接触过比其他孩子更多的触觉刺激，但她在碰到第一次自己不喜欢的事物，反应也会如此大。

我抱着她，用缓慢的语调跟她解释沙子是什么，慢慢撒一点点在她脚背上，替她描述可能的感觉，等她觉得准备好了，可以下去玩了，后来在沙坑里玩“疯”了！课堂上，常有小朋友不喜欢触碰各类我们想象不到的食材，有的孩子连盐或糖都不想用手摸，觉得触感很恶心。这种触觉敏感的孩子不少，甚至会形成触觉防御。例如，无法与其他人靠太近，或无法穿某些材质的衣服。而触碰一盆米的过程，手伸进去的触感是直接的，**我也会让大家练习表达自己的感觉及感受，学会表达自己的情感**。对于无法做到的孩子，我让他先从手中握住几粒米开始，是的，其实这不算什么，但是对无法触摸颗粒状物体的孩子来说，这是巨大的进步。

现今，感觉统合的课程很受欢迎。一开始那些课程是针对有特殊需求的孩子的，但是经过包装，一般家长对这样的课程也趋之若鹜了，其实生活中的很多活动或练习使用简易的器材有相同

效果。**多数人在幼儿发展感觉统合的黄金时期，都忽略了“感统”的重要性，只注重智能及才艺的课程，使孩子缺乏了在这方面发展的机会，才捣致需要特别营造环境去做感觉统合训练。**

在美国读“儿童发展”时，实习的幼儿园游戏区是自然的土和草皮，没有过多人工保护设置，孩子在此环境中更能认识危险、刺激感官。而中国的父母比较看重的是孩子们的安全，当然这也是我们一定要注意和做到的；但是过度只强调安全往往最后却捣致幼儿园中防御设备太多，阻碍孩子们学习认识危险并锻炼保护自己的能力。在国外，每个来接孩子的妈妈，看着浑身泥巴或许还滑破裤子的孩子说：“哈哈，你今天一定玩得很开心吧！”国内的老师则被要求 5 分钟之内把一个小孩的服装仪容整理好，然后完完整整地还给家长。

这听起来是玩笑话，但却是实事，孩子是用自己的方式认识、享受这个世界，但过程中的混乱，往往因为大人的无法接受而中断了。网络上曾疯传过一段影片，一对小男生用面粉撒满整个家，眼看要被淹没了，一边拍摄的妈妈说：“Oh my God！ Oh my God！”当时虽然也觉得那位妈妈快晕倒了，但我注意到的却是那两个孩子的眼神。是啊，你们一定无法想象当时他们有多快乐！**面粉落在自己身上的感觉、面粉和地毯混合踩在一起的感觉、面粉可以拿来当画纸的感觉，这只有孩子自己能懂。这样的感觉会存于他的记忆里。唯有在我们接受了孩子之后，他才会接受他自己，也才能接受我们给他的建议。**

触觉和情绪的稳定密不可分，当情绪无法抒发和表达的时候，就会形成障碍，有时是学习困难，有时是人际关系不融洽。我在美国念书时，有一门课是关于观察与记录，我们必须找一个在某方面是需要帮助的孩子，然后持续三个月记录他的状况。在记录中，老师要求不能有任何主观意见，像是"我觉得""我猜""我想"这类字眼，只能把自己当一台录相机，录下当时的状况，无须任何批判。我观察的孩子是个四岁小男生，语言发展较慢，当时选择他，是因为他每天在团体里都会和其他人起冲突，无论是谁，没有特定。持续记录了三个月，描述他的情况，最后老师请我们用几十篇的观察记录做总论，这时候才能加入自己的想法。最后，我找出问题点了，因为他的语言发展慢，表达自己时习惯先用动作，这就是为什么他会有推人之类的举动，这孩子就有很典型的触觉防御。他无法让人碰他，他觉得不舒服，但是不知道如何表达，只好把对方推开，因为他需要足够的空间，而这件事情我是观察了三个月才发现的。

对于不曾摸过的食材，孩子能愿意试着触碰一下，就是战胜自我了！

对于还不能触摸很多食材的孩子，就给他们时间，所以我的每批孩子才要带这么久，让他们有持续接受挑战的机会。接受米粒触感后，开始洗米工作和米饭烹煮，是为了培养孩子的耐心和专注力，我会先示范洗米，并建议他们试着"轻轻地洗三次"，水变颜色时就把水倒掉。倒掉水这件事，就需要有耐心，要专心看米粒会不会掉下来，若心太急，米粒就会跟着水被流掉。借由洗米、淘米、煮饭的过程，不仅能让孩子克服对于独特触感的抗拒之心，更能够学会耐心等候和稳定情绪。

除了观察食材的外观，也摸摸看吧！试着把自己的感觉描绘出来。

实践A 从幼儿时期就开启孩子的感官体验

孩子从出生开始，就用他的身体在探索这个世界，也在探索他自己的身体。以眼睛看，用肢体、肌肤接触，都能营造小孩五感全开的可能性。多带孩子去接触大自然，不论是摸一摸树干、枝叶，或赤着脚在草地、沙滩上奔跑，多增加孩子与这个世界的接触，并鼓励他说出自己的感觉，像是“软软的”“湿湿的”……各种形容词做联结，协助孩子开启感官，帮助孩子懂得如何表达自己的情感。每个孩子感受事物的方法都不同，家长不妨多观察，并接受每个孩子的独特性，协助孩子发展更稳定的个性。

不敢摸米的孩子，可以先从触碰一两粒米开始！

实践B 用游戏、比赛的方式培养孩子的耐心

洗米不仅需要手法轻柔，更需要手眼并用，投入耐心与专心，否则在水里漂浮的米粒，很容易就顺着水流一去不复返。我们不妨先示范一次洗米的过程，再和孩子们一起量米、秤米的重量，每个人一份，大家分别洗米之后，再比赛秤重，这样就知道谁的米在洗米的过程中流失的最多。带点儿竞赛意味的游戏，除了能让孩子练习接受米粒的触感，还不会令孩子为了求快就随便洗或是很粗暴地洗，而是想出如何洗得又快又最不会让米粒流失的好方法。这样的方式也能延伸应用到其他食材上，让进厨房变成一件充满乐趣的事情。

除了实际感触，也让孩子自己描述摸到的水温是如何的，像“冰冰的、凉凉的”。这类生活经验能让孩子拥有与世界沟通的能力。

实践 C 减少命令，让孩子自己选择、决定

通过让孩子们帮忙做家务，培养孩子对“家”的认同与责任感。在他做到的时候，请不要客气，大方地用近乎“恶心”的方式称赞孩子吧！例如：“宝贝，我觉得你今天真的太厉害了，居然可以一个人洗几十个碗，而且一个都没有打破，我想你可以获选为我们家最会洗碗的人了！”

当然，在做家务时，也要给孩子保留选择的机会，倒垃圾、擦桌子、洗碗、叠衣服，这些都可以。爸妈不要在孩子一边做时，却一边说：“也不选个难一点儿的做，擦桌子两分钟就做完了……”不管孩子的选择是什么，都要怀着感谢的心，感谢孩子替您分担。如果孩子一点儿都不想做的时候呢？也不用命令他，可以换个说法提出选项，让他自己决定要帮什么忙，比如告诉孩子：“我现在需要你帮忙的事情是洗碗、擦桌子、叠衣服，你觉得可以帮我做哪一样？”以擦桌子为例，不论孩子擦得干不干净，都要真诚地称赞他做得不错。如果有不够干净的地方，可以和孩子说：“这里再注意一下，就会更好哦！”这些称赞的话语就好像魔法一样，下一次孩子绝对会把桌子擦得很干净。

带孩子一起操作的小流程

步骤1

鼓励孩子摸摸他原本抗拒的食材，比如将米放在手心，或让他触碰一下，再请孩子口语描述触摸的感觉，描述得越详细越好。

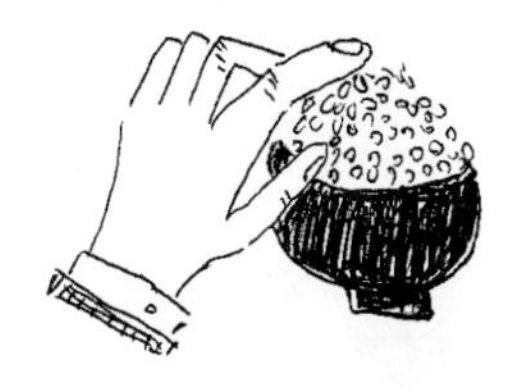

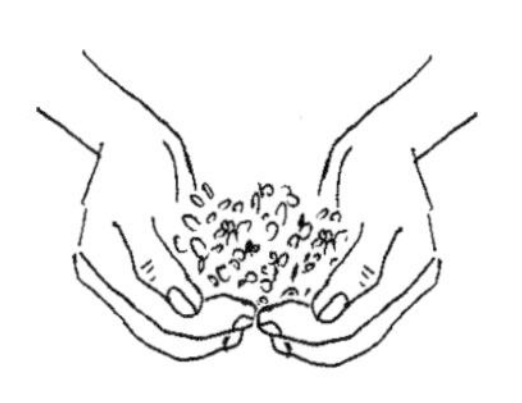

步骤2

准备不同触感的物品或食材，让孩子逐一摸摸看，让孩子试着从只碰一下，慢慢进展到能够用双手捧或拿起。

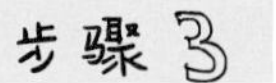

引导孩子进行需要耐心的小练习，比如不掉米的洗米练习、不烧焦的煮粥练习，让小孩学习耐心等待及专心致志。

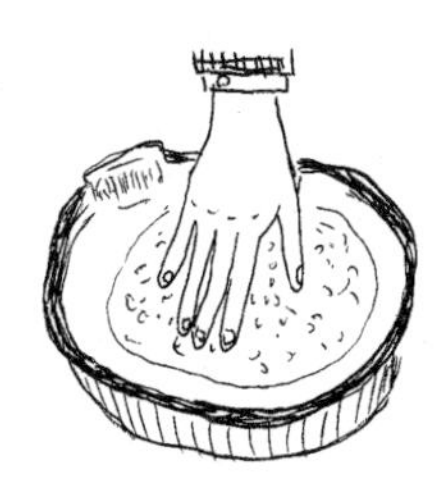

NEXT PAGE >>
试着来做菜吧！

REDBREAST

米布丁

剩饭常常是家里的烦恼，试着和孩子把它做成简单的甜点，中间填料的变化也可以让孩子自由发挥！

食材

煮熟的米饭…0.5 杯
鲜奶…………300 毫升
鲜奶油………50 毫升
香草荚………1 根
糖……………2 大匙
盐……………少许

做法

1. 取汤锅，倒入鲜奶和奶油。将香草荚剖开，刮出香草籽，加进鲜奶和鲜奶油中。将米饭也一起加入锅中，开始煮。
2. 煮滚之后转中小火继续煮 30~40 分钟，然后加入糖煮到化开。一定要时常搅拌，避免烧焦。
3. 小火继续搅拌到牛奶的汁收到快干，加入少许的盐。熄火后在室温中放凉，接着装入容器，放入冰箱冷藏 2~3 小时。

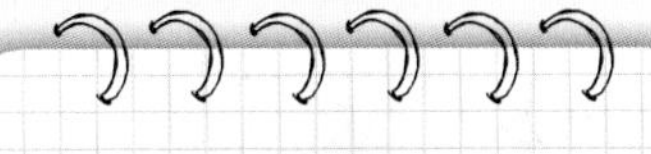

剖香草籽

只要孩子会正确使用刀子，就让他们试着剖开香草荚，慢慢刮下香草籽。

煮米布丁

取一个小汤锅，把饭、牛奶和糖及香草一起煮。边煮边搅拌，孩子们是很喜欢的，还可以训练他们的耐心，一举两得。等放凉后倒入容器内的过程，孩子们也是要用心、小心地进行，制做这一道甜品的确是需要耐心的料理练习。

黑白珍珠丸

搓肉丸，滚上米粒，上蒸笼。看着米膨胀，肉变色，像渐渐把气球吹大一样，孩子会感到莫名兴奋。

食材

猪绞肉……500 克
长糯米……100 克
紫糯米……100 克
胡萝卜……半根
干香菇……4 朵
荸荠………8 个
葱花………适量
鸡蛋………1 个
盐…………1 小匙
米酒………2 大匙
酱油………4 大匙
香油………1 大匙
白胡椒粉…1 小匙

做法

1. 将长糯米用水泡 2 小时，紫米泡 3 小时，沥出，备用。
2. 干香菇用热水泡软，拧干切成碎末，再将胡萝卜、葱均匀地切成细末。
3. 荸荠削皮后，放入塑胶袋内，以刀背拍碎后倒出，再切成碎丁。
4. 取一个大碗，放入猪绞肉及所有调味料，顺着同一方向搅拌至其有黏性，再加入胡萝卜末、荸荠末、香菇末、葱末拌匀。
5. 取适量肉馅于掌心搓圆，于掌心中间来回轻轻摔打出空气，使丸子更结实。
6. 将丸子放进有糯米的容器中轻轻滚动，至肉馅表面粘满糯米为止。
7. 准备蒸笼，笼内先铺好一层湿纱布，排入糯米丸子，彼此间要稍留间隙。
8. 将蒸笼移入蒸锅中，水开后转小火蒸 20 分钟，关火再焖 10 分钟。

材料切末

这比较需要技巧，带着孩子慢慢来，以安全为优先，太大的食材家长可以帮忙，鼓励孩子尽量切小一些。

绞肉搅拌至有黏性

孩子如果对肉的触觉比较敏感，也无妨。家长可以代其完成搅拌，接下来再让孩子将肉搓圆，把米放入比较深的碗里，让孩子用滚肉的方式把米粘上。

老师
有话说

关于这堂课……

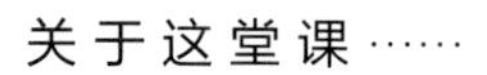

孩子从出生开始，哭、笑、牙牙学语，从这些行为中开始学习自己的情绪表达。孩子小的时候，大人怎么样都觉得可爱，就算哭闹，也是顶多心里埋怨一下。**在孩子越来越大的过程中，慢慢很多事情被规定、被压抑、被认为是孩子“应该要懂要会”的，于是孩子在情感的表达上变得退缩而内敛，含蓄又被迫要成熟**。从女儿一出生，我就是一个很多话的妈妈。会一直不断地和女儿对话，从几个月她开始“吧吧吧”地发出声音开始，我会试着表达出她的感受。

“妈妈知道你现在屁股黏黏的，一定很不舒服吧？妈妈现在要替你换尿布啰！湿纸巾是不是冰冰凉凉的？这样才可以擦干净，不然妈妈如果用干的纸巾擦，可能不会这么干净，而且你的皮肤现在嫩嫩的，不小心就容易破皮，妈妈现在就只能用这个帮你擦啰。”

是啊！我和她的对话就是这样，不断形容周遭环境，解释她现在想表达的情绪。有趣的是，女儿在十个月大时开始会讲话，“谢谢”“好”“这个”“那个”都是在十个月开始讲的。一岁三个月时，她唱了一整首的“小星星”。她不是天才，只是她的语言发展比较快，而且之后我们还是持续用这种方式对话。现在她要上初中了，我们还是无话不谈的母女。**情绪能适当地表达，听的人能包容地接受，接着开始理解彼此的对话，这是一个好的循环。这能给孩子持续保持一个情感的出口，提供一个有安全感的环境。**

在上课的时候，孩子会不断触摸不同材质的烹饪器具、不同触感的食材，尝到不同味觉刺激的调味料。人生也是如此，下一秒会遇到的情景是我们无法预测的。经过像游戏一般的做菜过程，讨论不同的经验感受，是鼓励孩子把内心感受表达出来的有趣方式。

听、说、读、写，这似乎是学语言的一个过程，情感的表达也是如此。我们听到什么，做出反应，再说出来的，是我们听到的事件的情绪表达。吵架是一种听跟说；听到“我爱你”，回答“我也爱你”，也是一种听跟说。

阅读不同作者的作品，也是在听不同作者在说话，就像现在大家看到的这些文字都是我想说的话，只是少了声音。最后的“写”是指更深入地记录自己的情绪和想法。就像经常看到孩子的造句功里，总是有让人跌破眼镜的想法。仔细想想，孩子们的想法其实并非无道理，而是大人的包容心随着孩子长大，变小了。那么听、说、读、写的情感训练，就从厨房开始吧！

学习群体合作

在上课分组的时候，有时会听到有的孩子说："我不要和他一组！"，或是"我不要跟别人一组！"对于这种自主性较高或有排他性情绪的孩子，其实换个方式或说法引导，就能让他们慢慢学习如何适应别人和团队合作。

团队做面食 &

彼此分工

培养孩子离开自己的舒适圈

对于不擅团队合作的孩子，
试着观察他的困难点，或许就能从中给予他帮助。

小时候听到蚂蚁一起合作搬食物的故事，觉得很神奇，几十只蚂蚁团结起来，为了共同的目的，一起把豆子搬回家。孩子们在我的课上，同样也得团队合作，分组进行工作。大家听完讲解，便开始工作，这时，每组成品就会有微妙差别。

记得有次做米汉堡，孩子们必须把好几十片的猪肉薄片煎熟。一组4~5人，有的组比较急躁，只是一股脑儿把肉片全丢入锅里，肉虽熟了，却因为锅的温度还不够，所以肉的香味没有出来，颜色也不够好看。其中有一组，动作不算快，但4个人却把肉一片片都煎出漂亮的颜色，肉香更吸引了其他孩子的围观。原来，大家都想让肉达到我刚刚要求的标准，那4个孩子不求快，但求精准。每一片肉下到锅中，都发出“滋滋”的声响，流出来的油脂和散发出的肉香，让同组的每个人都满意地互相点头。

我觉得这件事可爱极了，其实就跟我们大人在工作时的不同态度一样。**被交代相同的事情，草草了事求快和仔细完成工作的内容，结果是不同的。现在的孩子普遍没什么耐心，一部分原因或许也是大人的心急造成。**“快一点儿，怎么动作这么慢！”“我数到五就要完成了喔！快！”孩子们也慢慢被我们大人随便的态度所影响。

通常我们不关注在团体中的差异性，只要求同时达到目的。就像蚂蚁的故事，就算是10只在搬豆子的蚂蚁，也是有分工的。孩子一起工作的同时，也会在其中找到自己的角色。或许是擅长把食材切成丝，或许是切洋葱时不会流眼泪，又或许是很容易就能把面团擀圆。**把孩子摆在他能力所及的地方，相信他们会很有信心、很开心地做事情。**

现在的孩子多半自主性很强，凡事喜欢自己来，抗拒跟他人合作，尤其是遇到自己平常看不太顺眼的对象时，会百般不愿配合。所以，上这门课，我会先设定任务，比方揉面团，要有人量水，有人量粉，有人揉面，让孩子分工合作。若有孩子不愿和他人合作，没关系，就让他一个人自己一组。但我会设定时间，甚至让他们比赛，看哪一组先完成，往往结果是三个人做得比一个人快。这样的结果，**让孩子明白，很多时候，团队合作就是比单打独斗更有力，让他们了解团队合作、沟通、协调和妥协，是绝对不能少的。**我的课堂上，曾有两个小女孩发生了严重冲突与对立。某天，B不小心坐了A的位置，A怒斥：“你干吗坐我的位子？”还故意去坐在B的位置上。她的理由是：“谁叫她刚才坐我的位子？”后来，每次上课就故意去捉弄B，试图激怒对方。

接下来换谁揉面？类似这样小小的讨论，也会关系到团队能否顺利完成所有工作。

偶然的机会，我在A的“脸书”上发现她很会照顾家中弟弟。待再上课前，我把她拉到旁边，跟她说：“我觉得你很会照顾弟弟呀，我看你都……”讲了很多她做得贴心的地方，然后给她一个拥抱和许多称赞。我说：“今天B就交给你照顾了，因为我觉得你的什么什么部分可能比她熟练，今天你跟她一组吧！麻烦你了！”眼神还要像赋予她强大使命感似的。

奇迹就从那天起发生了，只要A稍稍帮了B一点儿小忙，我就抓住机会使劲儿称赞她，慢慢地，A的表现愈来愈稳定，而且她们变成了做什么事情都要黏在一起的好朋友。**面对这样的情况，孩子有的时候只是找不到方法，需要我们帮一点儿忙，如此而已。**

虽然每次一起上课的同学是固定的，但我会调整分组，希望不要一直是固定同伴。之所以这样做，**一来希望孩子们别待在舒适圈每次只和熟悉的好朋友合作，二来要让他们调整和不同对象的合作方式。当合作对象不同时，就要调整合作方式，可能是先后顺序、分工内容等，这就是一种学习，也关系到彼此间更细腻的沟通、协调。**等团体成员相处的日子长了，他们会培养出一种默契，对彼此个性、长处的了解，能让大家合作的效率更高，这会形成一股强大的力量，能完成的事情就是无限大的。就像我的一班，这几年下来，他们的默契和感情，绝对不是三两天能培养出来的，我相信他们未来绝对是一群具有团队协作能力的人。

实践A 工具辅助，让孩子独立完成试作

教两岁的孩子削苹果，和教小学生削苹果有什么不一样？其实做的事情都一样，但是要选择不同的工具，才会让每一个年龄段的孩子都能享受削苹果的过程。

比如两岁的孩子，我就替他们找到了手动式削皮机，过程中或许需要家长在一旁帮忙扶着，不过主要由孩子自己完成这件事情，终究是他凭自己的双手完成了某项任务。这样做不仅能让他们享受到自己做的乐趣，更能从中获得成就感。**我的课程，就是要想办法让不同阶段的孩子都能够自己完成任务，我们用工具的选择与变化年龄不是选择的唯一依据，就能让各年龄层的孩子都能达到相同的目标。**

不太会使用削皮刀的两岁孩子，替他们找合适的工具吧，比如手动式削皮机，体验不同工具使用的经验。

简单易操作的工具，让小小孩对厨房工具更有信心。

提出多个方案，自主讨论与工作分配

面对自主性强的孩子，用强迫的方式命令他们做事反而效果不好，不妨一一先列出待完成事项，再和孩子们共同讨论工作分配的方案。不过，有些工作就是会有很多人抢着要做，有些工作却偏偏没人想做，这时可以准备多个方案供大家选择，可以用轮流的方式，或者是抽签、猜拳作决定。

真的僵持不下时，也需要家长或老师在旁边推动一下，先让他们各自进行自己选择的工作，再以轮流的方式继续进行下去，**在这样的过程中，可以让孩子观察并发现自己及别人的长处，同时也体会到团队合作的优势和团队中的温暖。**

合作之前，先都静下来，想一想对方的强项在哪里？自己的优势又在哪里？交换信息后，再开始任务。

设定任务和完成时间，练习合作

若有孩子不愿意配合，就想要自己独立完成，也没关系，让他自己做。**他才能实际体会一个人做，与大家分工合作之间的效率差异，切实感受到群体合作的优势。**

有时候，我还会刻意指派两个互看不顺眼的同学同一组，就是要他们一起相处和解决问题。一开始他们会僵着不说话，手上也不动，我就指派，“好，某某某，你先开始，另一个等一下”，以这样的方式架起他们中间的桥梁，软化对立和尴尬，往往都会奏效。当一道料理做完之后，两个孩子之间的尴尬也就这样化解了，还很有可能会开始互相欣赏呢。

带孩子一起操作的小流程

步骤1

分组合作，进行面粉、水等材料的测量及准备。若有的孩子不愿配合团队作业，就改以比赛的方式让他明白彼此合作胜于单打独斗。

步骤2

揉面团时，让两个小孩一组（若是一个孩子，大人就参与一起做），先讨论分工，看谁要先揉，揉到什么程度就要换人揉，接着换谁先擀面，都让孩子自己讨论、决定。

步骤3

在面团上摆放配料的时候，提醒孩子们要适量，因为料放得越多，越容易在烤好后让料整个掉下来，只剩下皮。当然，如果孩子很坚持，那就让他试试也无妨，这反而会成为他的一个学习经验。

NEXT PAGE >>
试着来做菜吧！

意大利面疙瘩

做一个面，要有其他复杂的工序。自己做也可以，但是找人帮忙或许更好。别人该怎么帮？自己可以做的又是哪些？鼓励孩子在做之前多思考！

食材

中筋面粉……100 克

马铃薯………200 克

蛋汁…………2 大匙

盐……………适量

黑胡椒………适量

做法

1. 马铃薯去皮后切块，放入冷水锅中煮，煮软后趁热压成泥。
2. 取一只碗，加入马铃薯泥、面粉、蛋、盐、胡椒，拌匀，压揉直到面团不会太黏。
3. 将面团分成每块约 2 厘米的小段，用叉子或面疙瘩制作器做出压纹。
4. 备一锅开水，用开水煮面疙瘩，浮起即可捞䣽。

压马铃薯泥

可以用叉子或是专用压泥器，趁热压成泥比放凉后好压喔！

压成形

如果没有专门的器具，用叉子也能压出相同纹路。把叉子反着放，将面团轻轻压滚过，这时候孩子就必需要有耐心，心太急、太用力都不会压出漂亮的型。

手工鸡蛋面

一起揉面团的时候，谁和面？谁加水？擀面的时候怎么分工合作？看似简单的做面条，可以讨论的细节其实不少。面粉和蛋，叙述着朋友间的互助合作。

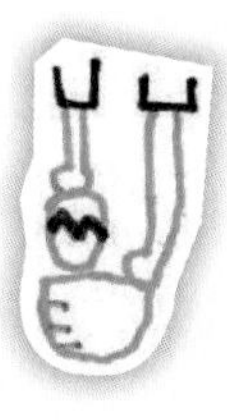

食材

中筋面粉……100 克
杜兰小麦粉…100 克
鸡蛋…………2 个
水……………适量

做法

1. 将粉类混合，堆成粉“山”，中间挖个洞，并在其中打入一整个鸡蛋。
2. 以叉子或手搅拌混合蛋与粉料，并加一点儿水，大约成形后，将周围面粉用按压方式揉进去。
3. 待成团后，盖上湿布或保鲜膜醒发 30 分钟，之后便可用压面机压面条。也可以用手擀平面团，再制成面条。

醒面

面团揉好之后需要醒一下面，用保鲜膜盖起来，以防止面团变干，这时候让孩子好好学习一下等待吧！

使用压面机

现在外面的压面机种类很多也不太贵，我没有买电动的，因为希望孩子可以享受自己动手做的乐趣。而且这件事情需要别人帮忙，一个操作机器，一个照顾好面团，才能让漂亮的面条顺利出场。

老师有话说

关于这堂课……

几年前看日本节目“小学生 30 人 31 脚”，比赛过程只有一分钟，但是比赛队伍却花一年去的时间练习。**团队工作需要默契，需要每个成员都放下一部分的“自己”，整个团队看似人多，却在往同一个目标迈进。**现在的孩子很有个性，许多孩子还是独生子女，对于跟其他人合作，他们确实没什么经验。一开始我会将学生的班组订为双数，因为学生可以两两成队。从两人团队开始练习，从小事开始讨论合作。

有的时候就连要从哪一头开始削皮，就会有意见分歧。一个要从头到底，另一个觉得另一头胖胖的比较好抓，要从那一头来。解决的办法我并不会提供，我的工作应该只是要避免两个人挥拳相向，确保在讨论的过程中，两个人在有安全保证的状态下进行。

一开始不见得都顺利，当然有些孩子很适应这样的关系，很快就能完成工作。有些则在这样的过程中争吵，甚至反目成仇。我其实很少从中调解，除非是激烈的讨论。不过孩子真是“打得快，好得快”，或许上一秒争吵，下一秒就互相分享食物，大人倒是不用太过操心。

在团队合作的过程中，其实也能帮助孩子更好地认识自己的能力，更好地了解其他朋友的优点。时间长了，就会像条件反射一样，当我告知他们今天的工作后，他们就会像小蚂蚁一样，开始找自己可以做的工作，也会分工，比较有领导风范的孩子也会开始学着分配工作。一个团队，当每个人都找到自己的定位，然后学习欣赏其他人，团队整体就会有凝聚力、体贴的心、付出的心，建立起自信，勇于接受挑战，面对及解决问题的能力。

一个有默契的团队，就应像“30 人 31 脚”一样，要常常练习，这样在挑战来临的那一刻，才能够团结并展现出力量。孤芳自赏并非不好，但是人是群居的动物，有的时候要一起战胜困难，有的时候要相互扶持。而这样的能力，可以在一起揉一团面、一起切一条鱼时，或是一起完成一道食谱设计中慢慢累积。

创意与美感展现

在我的课里，最喜欢看孩子把盘子当画布，用各种食材、酱料作画，在白净的盘子上自由挥洒他们的梦。每个孩子的盘中故事都不同，非常有趣。面对孩子的创意美感、日常发言，我们大人若能给予更多空间，让孩子们尽情地发挥，你将得到意想不到的收获。

盘中的
排列组合

为何非要孩子从你的角度看世界

大人们应该有颗开阔的心，
去面对每个孩子的独特与创意。

在教书的过程中，难免遇到一些对待事物只维持在自己“高度”的老师。那个“高度”有“心理”的高度，当然也有身高的“高度”。从当老师开始，我就被教导要站在孩子的角度看事情，就连跟孩子说话，也是蹲在跟孩子相同的高度，维持这样的方式和孩子沟通。

那是一堂美术课，学校外聘了校外的美术老师，让孩子画果树。“苹果怎么是黑色的呢？你可以画红色的啊！苹果没有黑色的啦！”坐在导师位置上的我，只想听听孩子会怎么回答。抬头看着老师的小男生，只是淡淡地回答了一句：“因为我的苹果烂掉了呀！”

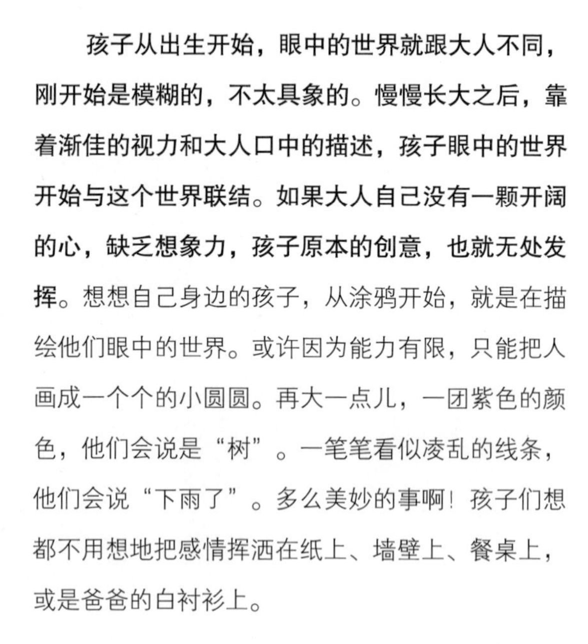

孩子从出生开始，眼中的世界就跟大人不同，刚开始是模糊的，不太具象的。慢慢长大之后，靠着渐佳的视力和大人口中的描述，孩子眼中的世界开始与这个世界联结。如果大人自己没有一颗开阔的心，缺乏想象力，孩子原本的创意，也就无处发挥。想想自己身边的孩子，从涂鸦开始，就是在描绘他们眼中的世界。或许因为能力有限，只能把人画成一个个的小圆圆。再大一点儿，一团紫色的颜色，他们会说是“树”。一笔笔看似凌乱的线条，他们会说“下雨了”。多么美妙的事啊！孩子们想都不用想地把感情挥洒在纸上、墙壁上、餐桌上，或是爸爸的白衬衫上。

做菜也是一样。菜做得再好吃，放在碗盘里的

那一刻，如果没有和谐的美感，就可惜了那一道道的美味料理。美感不一定花俏，有时候简单也能造就和谐。常常看国外的厨师，一个盘子里面可能有30种元素，但是看他们下手的每一步其实都像算过方程式一样。一片叶子、一朵花、一滴酱汁，处处和谐。如果没有美学功底，复杂就成了混乱，和谐就不会在盘子上发生。

无须去规定孩子的作品应该如何呈现，静静观赏就好。

大人常常在不经意间给孩子的感知关上了一道道的门。坐在草地上的孩子，用手抚摸着草地，这时候可以说“软软的”“刺刺的”“痒痒的”“湿湿的”，这些都不会有标准答案。如果这个时候，孩子得到大人给的反应是“有吗？应该是……”这就是关门的动作，就是让孩子渐渐不愿表达，只做大人喜欢的事。

当我的学生说完“苹果是烂掉的”之后，我也跟那位老师说：“其实苹果的种类有好几千种，每个种类都有各自的功能，有的适合做果酱，有的适合做甜点，有的可以拿来做菜。不能说只有红色、黄色、绿色，还有不红不绿的。”

我们大人的眼光，我们大人的心，其实是孩子看这个世界的望远镜。如果望远镜坏了还想远望，结果只会令人失望。

不需要去调整孩子设计的画面，因为每一样东西的摆放都有孩子自己的想法。

实践A 蹲下来，听孩子说他的画面

以前我在幼儿园教书的时候，蹲下来和孩子讲话一直是一件重要的事。有一次，一个小男生跟我聊他看到一只熊的故事，讲到它的姿态、它穿的衣服，还有它正躲在洞穴里冬眠。接着他就说要带我去看那只熊，还请我要小声一点儿，免得把熊吵醒了。小男孩带着我去看，说在教室后面的柜子第三层里面，有一只缩起来棕色熊。原本看不到，因为我太高了，所以我错过了这样精彩的故事，但是，如果我蹲下来，就看到了和孩子一样的世界，那故事是多么令人期待啊！

很奇妙地，**当你和孩子高度一样时，会有一种我突然懂了的感觉，而随着孩子愈长愈大，他所观察到的、讲出来的话也不一样，或许是高度不同，或许是看事情的角度改变了**。假如我们一直只用大人的标准去看待孩子，很容易会批评，会不屑，会一点儿都不会把它放在心上。这些都是让孩子退缩、不敢尝试的负面能量，请学着欣赏、信任并接受自己的孩子，在他一次又一次的成长蜕变中，为他加油鼓掌。

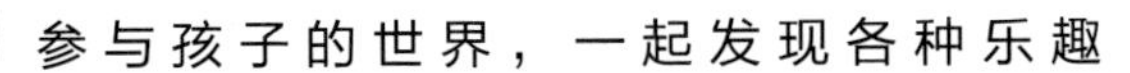

实践B 参与孩子的世界，一起发现各种乐趣

好奇心人人都有，其实到长大了还是一直存在着。我们逛街时，如果看到新奇的东西，嘴里一定说着“好可爱”，手就忍不住地拿起来把玩。很奇怪，同样的事情若是小孩子做，就会被骂说“不要乱摸”，要不就是说“你的手怎么这么痒，什么都要碰才满意”。我的女儿从小就是“好奇宝宝”，对于她想尝试的许多事物，只要我觉得不会造成危险，例如炸了房子或伤了自己或别人，我都举双手赞成。

有一次，她看了有关一本厨房小科学的书，里面写到把红色小熊 QQ 糖放进烤箱里烤，小熊就会整只融化，化成一摊血水（女儿的形容）。我马上让她去便利商店把 QQ 糖买回来，然后我们母女在烤箱前边烤边看边玩。不要说女儿觉得有趣，我自己都觉得好玩。孩了的想象力无限大，你绝对无法想象小脑袋瓜里卜一秒会蹦出什么怪点子。反过来想，当你在公司拿出一个让你绞尽脑汁，自觉得精彩无比的企划案给老板时，会希望老板给出什么样的回应？我想就算不被接受，也不想看到企划案被丢在地上踩吧！**当你一次次浇熄孩子想要尝试的念头，就是一次次让他处于企划案被踩的失望中。但是当你投入其中，和孩子一起玩的时候，孩子会知道你了解他，接受他，并清楚知道他想要什么，需要什么，这样慢慢建立起双方之间的互动与互信，爱的“存款”就是这样积攒的。**

想画什么就画什么吧！那是属于你们的画布，我只会提供素材，故事要自己写才精彩！

实践 C 好的倾听、回应会在孩子心里留下痕迹

我爸小时候很爱画画，但是当他告诉我他爱画画这件事情的时候，我完全不相信。因为印象中，我爸从来没画过什么画，顶多只在我小时候爱画的公主旁边画几颗星星，打上分数，表示我画的公主是很不赖的。后来爸爸告诉我一个故事，是他跟爷爷之间的故事。有一次，爸爸画了一张他觉得超棒的画，当时他心里觉得那是世界冠军级的那种画，他很开心地拿着图跟爷爷分享，爷爷只看了一眼，说了一声："嗯。"就把图直接放在桌上，走了。爸爸说当时他好伤心，那是一种没有被重视和无法跟人分享喜悦的心情，爸爸说他从此之后就不画画了。

这是多么令人难过的故事，但是想想现在的家长，太忙碌，太自我，太急躁，没有时间好好听孩子说话。小孩说一句，大人总要讲十句才甘心。孩子跟我们聊他们的感受，大人就会说："拜托，我们以前比你们更艰苦好不好，也不想想你们现在……"**大人在面对孩子时，最难的就是放下自己。请先把孩子的话听完。大人常说小孩爱插嘴，以我的经验看来，最爱插嘴的其实是家长，家长最做不到倾听跟感受**。倾听会让孩子跟你更亲近，和孩子相处时要开启"雷达"，尤其是要调动起我们的观察力和感受力，用心了解孩子的话语及感知，并且打从心里信任、接受自己的孩子。

当孩子对某些事有感而发时，请耐心听完，并且真诚回应，即使自己对孩子的想法持反对意见，也要以引导的方式，让孩子延伸思考其他可能性。让孩子感受到你绝对的支持，这是帮孩子培养自信心时，最不可或缺的要素，同时是孩子勇于表达心中感受，不会和爸妈越来越疏远的关键。

带孩子一起操作的小流程

步骤 1

多带领孩子接触大自然，让孩子多用手、脚接触大自然中的事物，鼓励孩子说出通过触摸及看到获得的感觉，练习口语表达。

步骤 2

带孩子看展览、逛书店、看电影，让他们接触不同方面的资讯，并且与孩子们交流感想。

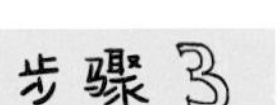

利用不同色彩的食材，和孩子一起做料理，让孩子自由发挥，可事先规划好如何摆盘和装饰，当然随机应变会有更意想不到的惊喜。

NEXT PAGE >>
试着来做菜吧！

香煎鸡排 / 柠檬鱼

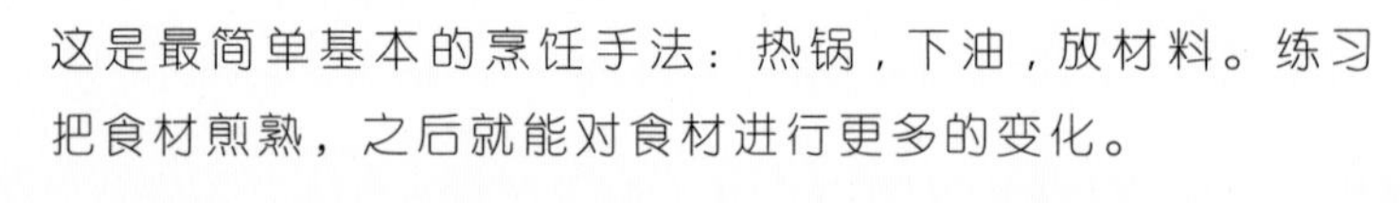

这是最简单基本的烹饪手法：热锅，下油，放材料。练习把食材煎熟，之后就能对食材进行更多的变化。

食材

去骨鸡腿肉…2 只
盐……………少许
黑胡椒………少许
油……………适量

做法

1. 先用厨房用纸吸干鸡肉上多余的水，接着用盐及黑胡椒腌制鸡肉，备用。
2. 锅中倒入少许油，热锅后，鸡皮面朝下放入锅中，煎至金黄酥脆。这时候鸡皮会释出多余的油，可将油倒出或用厨房用纸吸掉一部分。
3. 待鸡皮煎酥脆后翻面，接着用中小火把肉煎熟即可。

食材

白肉鱼……2 片
面包粉……3 大匙
盐…………少许
黑胡椒……少许
柠檬………0.5 个
油…………适量

做法

1. 用盐及黑胡椒腌制鱼片，并沾上面粉。
2. 在锅中倒入少许油，放入鱼，先煎一面上色，接着翻面也煎上色。
3. 待轻轻用锅铲按压鱼身会弹起即是熟透，上桌食用时可挤上适量柠檬汁。

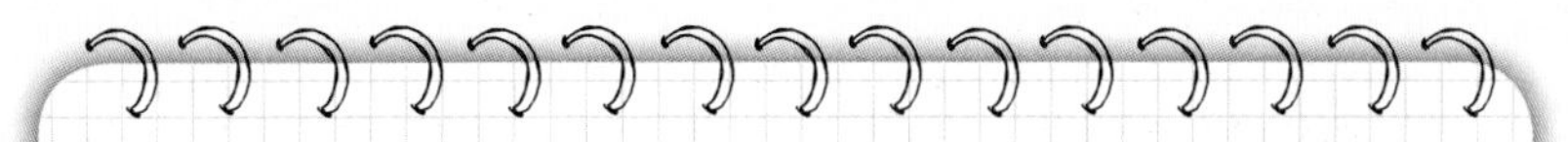

MEMO

带孩子这样试

大孩子可以练习如何开火、观察锅的温度，下锅时要注意不被烫伤。不一定要用鸡肉或鱼肉，其他肉类也可以相同的方式让孩子练习，用爸妈习惯的煎法也没关系。重要的是让孩子有动手做的过程，还有增加厨房的工作经验。

Display
玩陈列

用厨房里的食材，
和孩子一起作画！

Decoration
作装饰

无论是酱料、蔬果都是再好不过的“画画”材料，让孩子自己挑选，在盘中“画”出属于自己的世界！

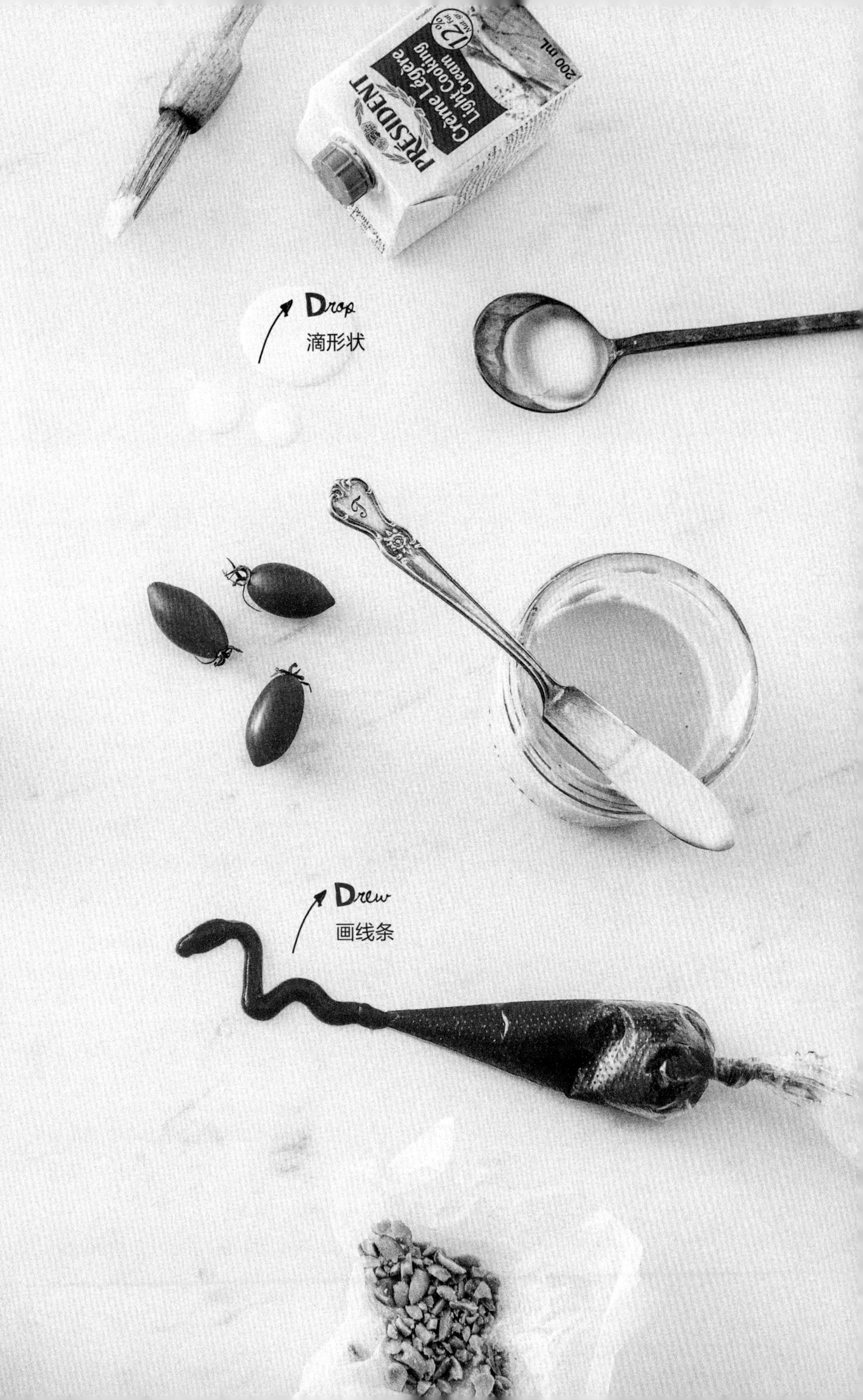
PRESIDENT
Crème Légère
Light Cooking
Cream
200 mL
Drop
滴形状
Drew
画线条

老师
有话说

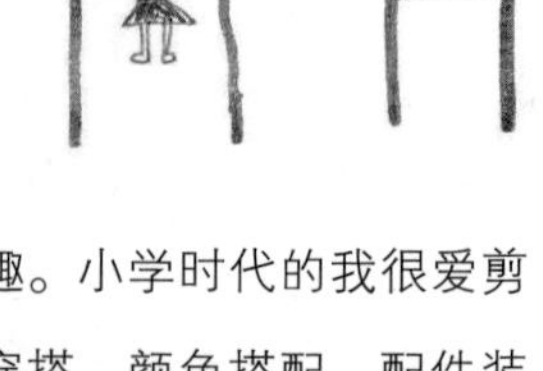

关于这堂课……

我从小就对流行趋势很感兴趣。小学时代的我很爱剪贴报纸杂志。只要看到关于衣服穿搭、颜色搭配、配件装饰的介绍，我就会剪下来。我的剪贴本中除了食谱类外，大概就属流行和设计类的内容最多了。在我上初中时，爸爸常买日本流行杂志给我和妹妹看，然后和我们一起讨论今年流行的款式，最后还真的会买回来给我们穿!

我有个朋友，高中学美术，他说他不是天才型，但他很用功。一年级时，他就在学校拿了很多大奖，到高年级之后，更是成为学校的“风云人物”。他跟我分享过一件事:他学画初期，是先临摹其他大师的画作。不过，他所临摹的对象都是世界知名大师，简单说就是“要学就跟最棒的学”。

如果十张里面，有一张抓到精髓，你就赢过其他人了。他说的很有道理，这又让我想到之前在日本朋友家小住两周的事情。那时，我女儿才刚上幼儿园，刚好和朋友的儿子差不多大。朋友很有心地跟她儿子的老师提出，可不可以让我女儿也去幼儿园。加之，我也是幼儿园老师，正好可以跟人家交流一下。于是，女儿当了“小小交换生”，我则在幼儿园用英文讲故事给孩子们听。几天下来，我了解到，日本人的美学观念是从很小就开始培养的。中午的营养午餐摆得整齐好看；用来装东西的袋子，都由妈妈亲手做的，细致又漂亮；孩子们的衣服鞋子也大多搭配得很恰当。

这堂课也一样，我找了很多国外的食谱，还请了餐饮学校中对搭配摆盘很有见解的老师。就像我朋友说的，“要学就从最厉害的临摹起”，以获得更好的效果。这些都是为了提升孩子们的审美情趣，要做的时候，Amanda 还是会加上一句：“不需要跟别人一样喔！”**盘子就像一张白纸，将老师们传授的概念吸收消化后，更重要的是，孩子们要能产生自己的东西**。已经 10 年了，我每天几乎都要看超过 500 张的美图，其实就像孩子小时候玩过的闪卡一样，把这些自己觉得很不错的图存在脑子里。虽然不知下次会在哪里用上，但是这都是“存款”，要提随时都有，只要里面有足够的“金额”。

有些时候舍弃一些大家熟知的卡通图形或可爱的图样吧！让孩子做出自己的东西，其实比完全照着别人的作品做，更能展现孩子的艺术天赋。带孩子看画展、听音乐、看流行服装秀，这些美学美感方面的教育，也是随处都可以做的。

PRACTICE 08

培养观察力

只要是上需要用到面团的课，孩子们就会玩疯了似的！仅仅是让冰冰凉凉的面粉撒在手上，就能让他们高兴很久。而使劲揉面、等面团“长大”的过程中，更有许多可以让孩子们边学边玩的事，大人不妨和他们一起开心地做吧！

面团的
长大过程 &
揉面、玩面团

不要习惯立刻给孩子们答案

鼓励他们去想，去看，去观察，
孩子的小雷达就会被开启，变得敏锐起来。

在我的厨房上课，很像探险，而一般的烹饪教室都希望孩子们乖乖坐好，不要走来走去。当然，那样会比较安全，易于控制现场。我如果带一批新的孩子，会先让他们了解有哪些厨具，这些厨具大致有什么用途，尤其是刀子的使用方法。在建立一种秩序感之后，孩子们就会开启“雷达”，观察教室的每个角落，开始走走看看，找到那些人跟自己“频道”比较接近的人，组成一个小团队。**观察力是当你不给孩子答案的时候，**

面粉要撒多少？不仅用眼睛看，手也要学着控制。

他们就会使用的能力。我想起，最近朋友的女儿很爱看的一本叫《寻找威利》的书，我看得头昏眼花，孩子却乐此不疲。

在观察力课程的菜单中，比萨是孩子们的最爱。我们从量面粉开始，还会让孩子们闻一闻他们觉得“很臭”的酵母，讨论一下酵母爱“吃糖”不爱“吃盐”的特点。因为面粉吸水度不同，揉出的面团，有的软硬刚好，有的太干。这时候，他们会拿着面团相互比较，问我哪一种状态比较好，是需要再加水还是加面粉。其实，观察力、耐心和毅力相互联系，课堂上不时听到孩子们的“哀嚎”：“好累喔！我的手快酸死了，换你啦！”“都是我在揉，你才揉不到10下啊……”大家一边揉面一边比耐力。

在揉面前，我会带孩子先了解今天的工作流程，让他们明白除了揉面，其实最大的工程是“等”。对小孩子来说，等待就等于无聊、没事儿做，可以乱搞乱玩的时间。这又是另外一个时间管理的练习，空档时间要做什么？多久回去看一下面团的状况？要如何安排，才能让等会儿的料理工作更加顺畅。发酵的过程中，我们通常会准备比萨上要用的料，洗食材、切食材，等到弄得差不多了，小孩就会去看一下他们的面团有没有更大了一些。

通过这些小事情，时刻提醒孩子时间掌握、工作流程安排的重要性，在做事之前就要考虑好时间应该如何调配与掌握。在做功课与玩乐之间，让他

们自己决定怎样拿捏与调配时间，学会了，一辈子受用无穷。

等待面团“长大”时，有的孩子会耐不住性子，用手去压膨起来的面团。这一压，面团就像泄了气的气球，扁掉了。做出来的成果，自然也不如蓬松面团做出来的好吃。这时候，我不会说：“你看，说了不能压吧！”我还是会让那一组做完，和大家交换试吃，他自己吃了觉得太硬咬不下去，就会默默地说：“早知道我就不压了。”**其实，很多时候，让孩子自己承担后果并不是坏事，这比我们说他一百句还有用。**就像天气变冷，女儿硬是不穿外套，我一点儿都不想花时间跟她争，因为门一打开，冷风一吹，她就说：“我还是穿着外套好了。”

享受等待的成果，总是令人满足。

此外，种植物也是一种培养孩子观察力、专注力与耐性的很有效的方法。不论是种豆子还是只要浇水就会成长的小植物，对孩子来说，都是很有趣的事情。孩子们多半会很有责任感地记得浇水，也能够在植物一天一天长大的过程中观察到细微变化，甚至还有孩子会画出植物的成长日记。总之，带着孩子一起做就对了！陪伴孩子、引导孩子的过程中，你将会发现，一切都拥有无限的可能性。

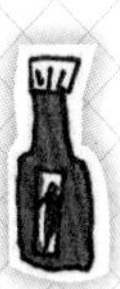

你的孩子也像面团一样，需要被放在适当的环境里观察，时常被关心照顾，待时间到了，拿出来揉一揉，自然会给你呈献出一个美妙的结果。每个孩子都不同，相同的是，他们都需要被了解和照顾，这个过程中能观察到多少细节，就是家长自己的功课了。

实践A 用透明容器，慢慢观察变化

为了让孩子看得到面团“长大”的过程，我会特地选用透明容器，并且教孩子们在容器外面先画一条线，标示起初的高度。这样一来，孩子就能很清楚地观察面团“长大”了。在家里操作的时候，也可以如法炮制。当然，也可以和孩子一同思考，可以不用一直掀开盖子、影响面团好好长成的最佳观察方法。

可以将面团分成两份来做实验，让其中一份得到很好的照顾，发酵得很漂亮；另一份则在过程中受到打扰或压扁。**将这两份都烤出来尝一尝，并引导孩子发表感言，讲出两种面团各自的特点，或许能进一步加深孩子们的学习印象。**

等待面团“长大”的时间，刚好让孩子练习如何规划接下来的工作流程。

让小孩想想，如何善用、规划零碎时间

开始进行揉面团之前，先向孩子讲解一下今天的工作流程，并鼓励孩子思考。揉完面团后，在等待发酵的时间里，我们有哪些工作可以完成？可能会需要花多少时间呢？试着一起制作一个表格，将流程及需要的时间写下来或画下来。

比方说，在这段等待的时间里，还可以规划什么工作？家长可以引导孩子，利用计时器或闹钟，想出提醒自己的好方法。大一点儿的孩子，则可以让他们进行计划性要求高的工作，循序渐进，培养孩子善用时间的能力。

等了好久了，结果发现自己的面团发得好小！“老师，我很有耐心呀，结果还不是这样？”付出努力了，就一定会成功吗？很多时候，该做的事情都做了，该等待的流程都等待了，面团还是不如预期的“长得大”，也是有可能的事。现在的孩子，挫折经受能力多半不强，有的孩子甚至会就此放弃，不愿再尝试。这时，**家长的语言或态度回应很重要，请不要期待他们做一次就会很有耐心，更不要在孩子没有耐心的时候，又加上一句“我就知道你每次都这样”**。

孩子的进步真的需要时间，而父母有时候却是让孩子无法接受挫折的最大根源。所以说，带小孩不容易，每个孩子又都有其不同之处。我常跟家长说，请把你们的观察力都用在自己小孩身上吧，别人家的小孩不管怎么样，他也还是别人家的小孩，不要比较。世界上的每件事若都一模一样，一定会很无趣，但孩子就是让世界变得更有趣的重要主角，**我们当然要把每个孩子能扮演的角色找出来，而不是让他一再去模仿别人。**

带孩子一起操作的小流程

步骤 1

准备透明的玻璃盆或塑料盆，在面团发酵的过程中，定时记录面团的高度，让孩子清楚地看到面团“长高”的过程。

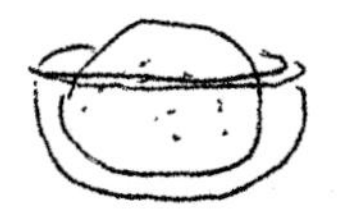

步骤 2

不论面团是否成功“长高”，做出来的成果都要让孩子尝一尝，并且根据不同结果让孩子了解等待的重要性。

步骤 3

让孩子练习煮焦糖。因为煮焦糖的时候，需要认真观察其颜色的变化，才不会一不小心就焦掉，借此培养孩子的耐心及观察力。

NEXT PAGE >>
试着来做菜吧！

黑糖蒸糕

煮黑糖时的香气以及从蒸笼里冒出的带甜味的蒸汽都很诱人，看着变得胖嘟嘟的黑糖糕，孩子们不禁感叹：“原来面粉真的很百变啊！”

食材

低筋面粉……150 克

水……………150 毫升

黑糖…………35 克

速发酵母粉…1 克

黑芝麻或白芝麻…少许

做法

1. 取一个小汤锅，加入黑糖和水一起煮开，熬至有焦香味后熄火放凉。
2. 面粉过筛，与酵母粉混合均匀，加入黑糖水轻轻搅拌，再倒入铺有烘焙纸的模具中，放至温暖处醒 30 分钟。
3. 在醒好的面糊上撒黑芝麻，入锅中蒸（锅盖要包上棉布，避免水滴入蒸糕中）。
4. 用冷水开始蒸，蒸约 25 分钟后再焖 5 分钟（用牙签插入测试，若无粘黏就是好了），最后取出脱模放凉。

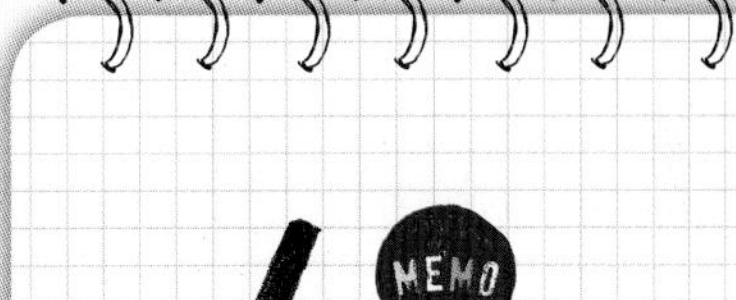

测量材料

带着孩子一起做，这也是一堂数学课。让他们使用秤、量杯、量匙，学习看重量及刻度。

过筛面粉

筛子不能拿得太高，要离筛入的容器近些，以免面粉多数会筛到外面。

比 萨 饺

面团为什么会“长大”？为什么会有洞洞？如果没有等面团长大就送进烤箱烤可以吃吗？比萨不是水饺，可以不要把料包在里面吗？这道料理常常让孩子变成爱发问的“好奇宝宝”。

食材

中筋面粉……125 克
盐……………1 小匙
糖……………0.5 大匙
干酵母粉……1 茶匙
油……………0.5 大匙
温水…………80 毫升

做法

1. 将温水倒入不锈钢盆中，加入干酵母、糖及油，一起拌匀，静置 15 分钟。
2. 取另一只不锈钢盆放入面粉，在面粉中间做一个“火山口”，向其中再倒入水，开始用手揉。面团光滑后，盖上保鲜膜，醒 30 分钟。
3. 在工作台上撒上面粉，擀开面团，并放上自己喜欢的料，再对折，压紧连接处，戳几个气孔。
4. 最后在面饺表面刷上蛋汁，放入预热至 200℃的烤箱，烤至上色，约 25 分钟。

带孩子这样试

揉面团

从挖洞的面粉开始揉，把手指当成叉子用，湿的材料和旁边干的粉一起混合。成团后稍微揉一下，就能用保鲜膜盖起来醒面。

包食材

擀开面团时，要提醒孩子擀面杖要从中间往前擀，中间往后擀。一下子擀到底会不均匀。把面团分成两部分，完成得会比较好。

刷蛋汁

请孩子控制蛋汁的量，通常是提醒他们在刷之前，先将刷子在容器边刮一下，这样多余的蛋汁就会留在容器里了。

老师
有话说

关于这堂课……

很多妈妈常跟我分享，说她的孩子好像都没有长眼睛，只有长嘴巴。因为他们平时最常说的就是："妈妈，有看到我的水壶吗？"但水壶明明就在他前面。或是"我找不到我的语文课本啦"，但翻了翻他的书包，就夹在数学课本和作业本中间啊！当然，这也有可能是爸妈养成的他只要开口，家里的大人就一秒变成侦查队开始替孩子找东西的习惯。**当你不给答案的时候，孩子自然会自己找答案。就像生物的演化过程一样，孩子只会留下其生存的必要能力，其他的能力就退化了。**

做菜的过程中，几乎处处都要用到观察力。从选菜开始，什么样的白菜好？下刀切东西的时候，要从哪边开始下才不会切到手？锅要预热，什么温度叫"已经够热"？油温要到 180℃，筷子放进去时，泡泡是怎么样

的状态？最后，确定什么时候可以下锅。其实，不只是发酵面团，做其他料理也是如此。

为什么要特别提到发酵面团？因为在这个过程中，还有一件非常重要的事情，那就是耐心等待。发酵面团或打发蛋白时，食材外观上的变化比较容易分辨。孩子对“面团发起来了”是很有成就感的，待下一次再遇到类似料理，原本第一次发出抱怨的孩子也会有所改变。因为他们明白了——等待是值得的，而那个“值得”可能是需要有人搞砸了，有了比较后才得出的结论。

我带孩子时，最怕“完美”，因为完美等于无法再进步。我最希望课堂中有孩子不按常理出牌，这样就能产生更显著的成果。有时候，同样的工作，例如切丝胡萝卜，不同的孩子会分工合作。当然，事前我会示范要切成怎样的粗细大小，也会说为什么要这样做，切太细容易烧焦，切太粗又不容易熟。小孩们很可爱，当他切完自己的部分，会拿自己的和别人的比较，希望大小不要差太多。偶尔，也会有孩子用自由方式切成大小不一的块或片。看到这样的情形，我会特别兴奋，更会刻意让它们一起下锅，到那时，孩子们就会嫌锅中的丝状、块状、片状料一点儿都不好处理。吃的时候就更明显了，口感很混乱。只有在这时候，我才会说：“要谢谢某某某帮我们做了不同的示范，之后如果要切，我想你们就知道要怎么做了。”怎么做，当然还是让孩子们自己去想啦！

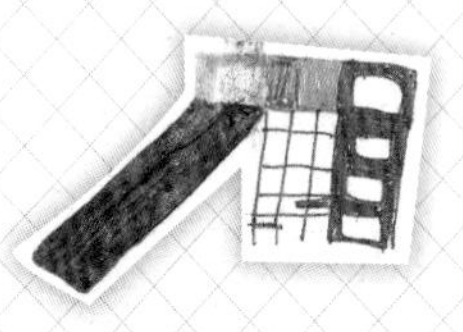

PRACTICE 09

用行动表达感谢

选一个美好的日子，让孩子自己做菜给家人吃，或和妈妈一起下厨，享受料理时光！让孩子先在纸上画好今天的菜单，然后从采购开始，到下厨完成，最后上桌一同享用，用料理表达对家人的感谢。

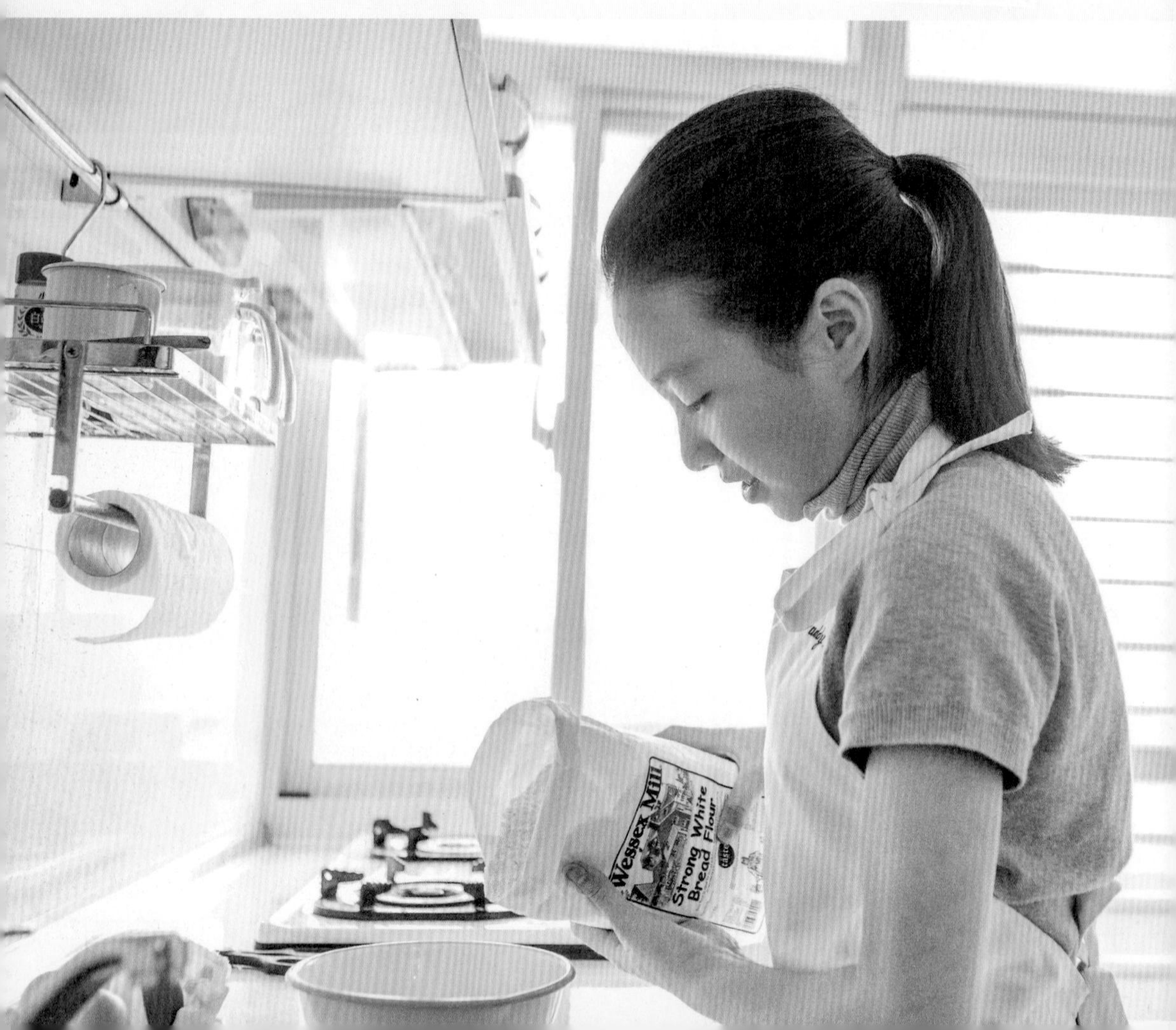

在家和妈妈
一起做菜

培养孩子对生活事物的感恩之心

找一个美好日子，带孩子为家人做一顿饭，
让孩子用行动或语言，说出自己的情感。

很多人问我："我的小孩要上几堂课才能做菜给我吃啊？我也好想坐在餐桌前等我的孩子把晚餐准备好，那我就太幸福了。"一直以来，还是有很多家长把上烹饪课这件事看得很狭隘，可能觉得真的就是让孩子学几道菜回家，然后就能做菜给他们吃了。让孩子来上课的目的是什么？有的人说可以和别人炫耀自己的孩子很小就能做菜，有的说至少让孩子动动懒惰的手，帮忙做点儿家事。

二班成立一年多，班里都是年纪比较小的孩子，但是比一班孩子上课时间更稳定。期间，我也曾经让一些对下厨有兴趣的孩子加入到他们中，来试听一两节课。后来发现，要带好一个团体，最好还是带同一群孩子。这一篇，主角是孩子与家长。为了写这本书，我想了一个亲子操作、体验做料理、让孩子自由发挥创意做菜的小功课。菜色不限，做什么菜都可以，只为

记录下孩子们和爸爸妈妈的互动。做菜过程并非全部要求由孩子独立完成。我想，上烹饪课的目的应该是增强亲情的互动，以及培养孩子拥有照顾别人的能力。

记得，有一次我得了重感冒，高烧不舒服，连爬都爬不起来，更不用说做饭给女儿吃了。这时候，女儿自己进了厨房，洗洗切切，煮了面吃。虽然只是简单的白面条加颗蛋和青菜，但她自己吃饱了，当然也帮我煮了一碗。这其中蕴含的意义，其实不只是她会煮饭做菜而已，更代表了她渐渐具备照顾自己的能力，而且还可以照顾家人。对我而言，这不只有感动；对孩子来说，这是一种自信与被信赖的表现，这种照顾别人的用心与自信，是厨房工作的另一种价值呈现。

可以独立下厨这件事，是孩子发现自己有照顾别人能力的最佳途径。

现在的孩子，多半都被照顾得很好。也正因被照顾得太好了，所以对于生活中很多事情都觉得理所当然，也浑然不觉有任何需要主动付出的地方。**孩子们不了解自己的能力，对于周围的事物也会缺乏感恩的心。在厨房里学到的能力，可以让孩子们明白，其实自己是有能力照顾别人的。**这不仅会让自己得到幸福与满足，还会加强于自己的认同，更包含了能替家人、朋友付出的意义。这样的过程让他们有很大的感悟……

“其实这个活动蛮好玩的！他们也很开心！”

“老师要常出书，这样他们就可以常参加这种活动。”

“我们从采购开始就一起进行，孩子的体验更深刻。”

“我觉得是很特别的体验，过程中每个小孩都很兴奋，画出来的食谱连妈妈都感到吃惊，原来他们这么棒！”

“妞妞会很不放心地一直来征询我的意见，但我知道她可以做得到。”

“他看到哥哥姐姐的料理作品一直说“好漂亮”“好棒”，一直说自己的“好丑”。我告诉他每个人有每个人的特点。虽然他的摆放不如年龄大一些的孩子，但食材的颜色选择非常好。”

这些都是孩子在家长眼中不为所知的另一面，因为家长眼中，每个孩子永远只是他们的小宝贝！经过这个小活动，家长会更了解自己的小孩，了解他们面对事情的方式、解决问题的方法、处理事情的态度。说真的，这才是我最想让家长们收获的。我打从心里感谢这群妈妈，他们这样支持孩子，真的太棒啦！

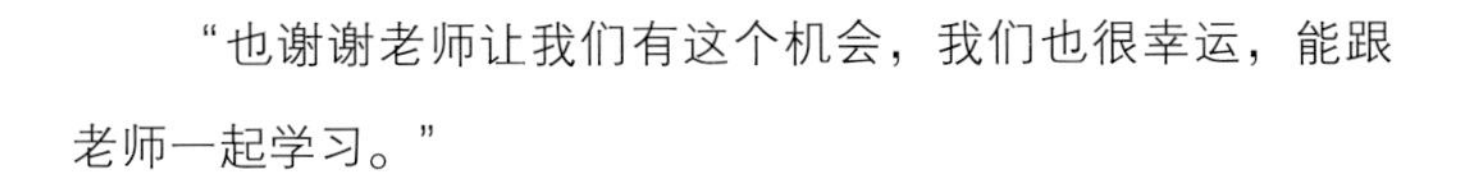

“也谢谢老师让我们有这个机会，我们也很幸运，能跟老师一起学习。”

以上是我们做完这个小功课，妈妈们和我的讨论。我想，这是一种感触很深的家庭互动，而且家长们能从讨论中发现自己孩子的另一面。

找个时间和孩子一起，把做菜或亲子厨事变成某种家庭活动吧！让孩子去感受，去学习付出，去表达感谢。可以以家人的生日或纪念日当成契机，像是在姐姐的生日这天烤些小饼干，或是在爷爷奶奶的结婚纪念日做个小蛋糕，也或许就是单纯带着孩子一起做一份料理。**从菜色设计到分配工作都让他自己决定，自己安排。过程中，从采购食材到一起料理，然后简单摆盘和包装，甚至加上礼物、卡片，跟孩子一起传递完整的心意。同时，鼓励孩子用行动或语言在日常生活中直率地表达情感。最后，和孩子一起收拾，这将会是凝聚孩子与你情感的最佳黏合剂**，这是适合全家一起动起来的亲子活动，而这份从厨房传达出来的心意，绝对是意义非凡、无与伦比的。

预先的生活练习

在学校以外，孩子们还可以学到更多的东西！今天要跟主厨学做菜，让孩子们走进大人世界，让主厨带孩子们做预先的生活练习。在厨房里，会有许多突发状况，让我们一同锻炼处理问题的能力吧！

在厨房进行
校外教学

厨房是最好的教育环境

让孩子站在别人的角度考虑问题，
培养体谅和尊重他人的心。

在日常生活中，孩子们有许许多多重要的事情需要学习，而现今，学校里的功课和补习往往占据了孩子们大部分的时间。**在烹饪课里，我想带孩子们看到的是真正的自己，让他们发现，除了平时带给他们压力的那些事物外，生活中还有许多他们未曾发现的乐趣。**

很多人都看过小成本的电影。两个小时的故事都发生在电话亭里的那种。其实，那种电影最难拍了，一个电话亭场景里的故事，却能让看的人感受到刺激、紧张、激情等各种情感。这样一来，电影主角就太重要了！我很感谢一路上教的那些孩子们，他们就是我课堂上的主角们，感谢他们陪我一路上经历各种酸甜苦辣。

我这么积极地推动从厨房开始的校外教育，就是想要让孩子们远离舒适圈，培养面对问题、解决问题的能力。

某年夏天，我带孩子们到不同的餐厅实习做菜，进行“大人厨房的实境教学”。我带孩子们到餐厅后厨教学，除了让他们学习主厨风范，还有另外一个想法：**我们常常带孩子外出用餐，但是孩子们很少站在厨师的角度去思考，所以餐桌上才会出现许多的不得体**。许多时候，角色互换一下，孩子就会懂得珍惜别人的劳动成果，懂得体贴与体谅。

曾听过一个故事。有一对母女到餐厅吃饭，服务员不小心把汤洒在母亲身上了，这位妈妈很生气，女儿却对服务生说：“没关系，没关系，洗一洗就好了。”妈妈觉得女儿的反应很奇怪，于是女儿告诉妈妈，她之前到国外念书时，去餐厅打工，第一个工作是洗碗盘，但第一天就打破一个玻璃杯，她心想完蛋了，没想到经理过来之后说的第一句话是：“你有没有受伤？”这句话安慰了当时害怕的她。后来又有一次，她不小心把红酒打翻在一位女士白色的衣服上，这位女士却说：“没关系，回去洗一洗就好了。”女儿这时候跟妈妈说：“既然别人可以原谅我，我们是不是也可以做一样的事情？”

如果没有类似的亲身体验，如何培养孩子体谅别人的心呢？外出用餐时，常听到很多小孩很直接也很没礼貌地说：“这很难吃，这很恶心。”对他们来说，只需要坐在位置上，接受别人送上来的菜，吃或不吃，对孩子来说其实并不会有太多感受。**所以，我希望让他们换个角度，站在厨师的角度去思考事情，或许就会懂得珍惜食物，更懂得体贴做菜人的辛苦。**

走进大人世界的专业厨房，一切的感官，都是新鲜的、不同以往的。那天，我们去了广岛烧店，长长的铁板前有整排的座位，平常我们都是坐在座位上。这一次，换孩子们站上厨师站的位置，一上去，他们的第一句话是：“好热喔。”那是他们第一次站在专业厨师站的位置上，第一次感受专业厨师需要承受的炉火温度。

记得有一次，煎的材料里面有葱。一开始，有个孩子说：“我不吃葱呀。”做完之后，要吃的时候，我问：“刚刚谁说他不吃葱？”没有人举手。我告诉他们：“这是你们自己花了很长时间做出来的，你却只花了5分钟就吃完了。但在这里工作的人，每天要在这个炉台前面站8个小时，甚至更久，所以我们要懂得感激。今天，我们要谢谢的是自己，所以要把自己辛苦做的东西全部吃完。这样的心情，要一直记得。”下次外出用餐时，孩子们对桌上的一饭一菜，或许就会用截然不同的态度去对待了。

从此，我就常安排他们到不同的餐厅练习。我们到过意大利餐厅，学煮意大利面，揉比萨面团，将比萨铲进高温烤窑里；到泰国菜餐厅，在庭院里做咖喱鸡、泰式海鲜沙拉、香蕉虾饼，仿佛真的置身东南亚；到日式料理店认识鱼、学杀鱼、捏生鱼片寿司。有一次，我们一起去吃牛排，通过黑板上画的牛的部位图，厨师教孩子们认识不同部位的牛肉，并试吃各种熟度。

生活里的练习不止一种，厨房中的练习也有

很多方式。就像做比萨，有的是大窑烤，有的进烤箱烤；做料理有时会使用炉具，有时使用大铁板等等。**面对不同的工具，孩子们需要使出不同的技能和防卫技巧，这和他们以后面对不同的事情，需要使出不同的能力去面对，是一样的道理。**这样的状况处理方式，在生活里实在太多太多。在厨房里，孩子们会遇到许多突发状况，通过学做菜这件事，在这里学习大胆无畏、勇于尝试的精神，锻炼处理问题的能力，可以让孩子感受得更深刻。

实践A 鼓励孩子开口发问

当面对一个陌生的环境，陌生的人，要如何完成工作。不是自己习惯的锅，调味料也不知道是不是正确的，火看起来比教室的大，这些都是孩子们要解决的问题。不要说是孩子了，大人到了一个新的工作环境也会不适应，也会找不到厕所，想喝水也不知道去哪里倒，有时候跟不认识的人讲一句话都让我们觉得害羞。

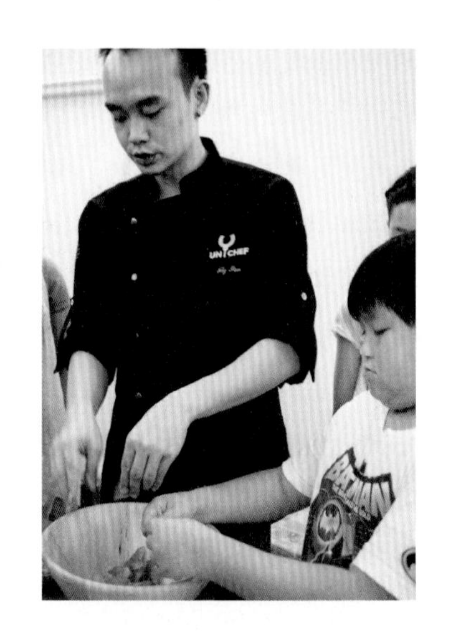

因此，带孩子们到大人厨房实习时，我通常都会站在一边，只充当协助的角色。通常，孩子们都会不好意思开口发问，但是不懂就问这件事，也是需要持续练习的。

在大人厨房里的实习过程，是一种循序渐进的练习。先习惯教室里的厨房，开始训练团队默契，一段时间后再到真正专业的厨房。这样的练习不是要把孩子的厨艺训练得多厉害，而是要他们能在同一个领域获得进阶的练习。当孩子们了解自己的能力后，一进入厨房，便能找出自己适合的位置，站炉台的、做甜点的、煮面的，找出自己的优势，并发挥所长。其实，这便是社会分工的缩影，也能让孩子更进一步认识到自己的优势和协作的意义。一点一点的小突破，也是一点一点的大进步。

学生有话说

课堂上，我们学到了……

学生 曾璿蓁

去外面上课不仅只学做菜，还会让我认识到自己和大自然的关系，还有菜是怎么来的。厨房里的设备不一样，就要更专心。不过，在那里煮的东西更好吃，因为更专业。

学生 蕙安

可以和不一样领域的厨师学做菜。比如学做意大利面，主厨教我们认识面，也告诉我们在餐厅里怎样煮面。这跟我们在家煮面不太一样，正好可以作比较。还有，上次做窑烤比萨，也是一次很难得的体验。

学生 宇欣

看到很多不一样的专业做菜方法，知道不同的菜要搭配不同的盘子，以及如何做食材处理准备。再去餐厅时，作为客人的心态，好像都跟之前不太一样了。

学生 天青

我喜欢吃甜点，可惜我们去学做菜的地方没有教做甜点。去餐厅的时候，每次到最后上甜点的时候，我都会很开心。我喜欢边吃边研究甜点会不会过甜，看厨师的摆盘，搭配口感好不好之类的，做菜和吃甜点都是我很喜欢的事。

RATIONAL

PRACTICE 11

独立规划的能力

从无到有做一件事情，比给你一堆参考要你背下资料来，或从里面选出一些问题来考试要困难太多了！给孩子一次带你去做某件事的机会，可以是旅游，可以是野餐或露营，甚至是去市场采购……想让孩子独立，就从放手开始！

户外小野餐 &

外出体验

让孩子自己做决定

人生是孩子自己的，
让他学习判断、抉择与独立负责吧！

女儿一直对日本动漫相当感兴趣。今年暑假，我决定带着她一起去日本东京自助旅行。出发前，我要求她事先找出她想去的景点、店家，并上网找出地址、最近的地铁站和下车之后的路线，接着请她规划每一天要走的路线，安排要去的地点。只有住宿地点由我来找，其他统统都交给她去规划和决定。因为我告诉她，这次我是“陪她去”，不是“带她去”。

到了出游当天，从入关、出关领行李，到要看哪里的指示，我一概装傻，让她带着我。当然，这是她第三次到日本，前两次年纪都比较小，这次我觉得以她的能力已经可以做到很多了，就放手并相信她做得到。在这趟自助旅行中，都是女儿说下车我才下车，叫我起床我才起床。在语言不通的国外，孩子一开

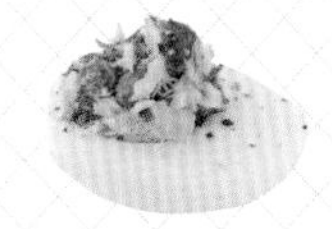

始有点儿胆怯，不敢与人交流，直到有次进了一家书店，她发现杂志上刊有她想要买的另一本杂志广告。她很兴奋地说，不知道这里有没有她想要的那本动漫杂志。我告诉她，我想要在这里看我想看的东西，但是可以教她怎么用英文问。一开始，她面露胆怯，但我用很有信心的语气跟她说："你可以的！而且只是到楼上而已，妈妈就在这里等你。"于是，她就这么上楼了，等了 15 分钟之后，她还没下来，我开始有些担心焦急了，但还是强忍住上楼察看的冲动，继续等下去。

过了一会儿，女儿从楼上下来时，她脸上充满笑容，一边满足且兴奋地举起她买到的杂志跟我挥手，一边跑向我说："他们真的有卖啊！"我相信，孩子是在我们每一次的相信和放手间，证明了自己的能力，建立起自己的信心。她还说，店员还不断询问她，是否需要打开来检查一下（哈哈，她怎么就这样突然听懂日语了呢）。从那次之后，不论买东西或问路，她都可以鼓起勇气，完全不需要我协助了。

经常有孩子自己丢三落四，出门后却责怪妈妈："你怎么没有帮我带水壶？""都怪你啦，忘记帮我带外套！"**就是因为我们什么事情都帮孩子决定，孩子才会习惯性认为，这些都是爸妈应该要帮他做的。久而久之，不论你帮他做什么，他都觉得是理所当然的，不但没有学到"自己的事情自己做"的责任感，更容易养成依赖、容易怪罪他人的坏习惯。**所以，趁着出去玩的机会，让孩子练习一下照顾自己，也照顾大家吧！

如果你觉得"让孩子带你出国"是个大挑战，不妨把"假日我们要去野餐"这件事，交给孩子全权来处理！对孩子们来说，这也是一种新鲜有趣的体验。只是这一天，**角色互换一下，让孩子当做决定的大人，我们当小孩。把野餐交给孩子策划、处理，从决定野餐的地点到菜单的规划、携带事物的选择，让孩子花时间去感受这个流程。**这样，**他才会明白，原来爸爸妈妈做这些事情时，需要付出这么多时间和精力。**

当孩子还小时，我们提供选项让他们做选择；当他们长大一点儿后，就要他们去列出选项。千万别小看这些琐碎的小事，其实每一项都在考验着孩子的组织、规划和独立思考的能力。

实践A 假设提问，引导孩子想办法

野餐需要准备些什么呢？先想到的通常是吃的东西。让孩子想想看，什么样的食物适合带去野餐。即使孩子回答香蕉、饭团也很棒。如果完全没有想法，不妨让孩子看看书，或者上网找找资料，参考别人野餐的方式，先建立起自己心中“想象的画面”，再引导孩子完成。

除了食物、水果和饮料外，还需要准备些什么呢？例如野餐垫、小椅子或其他想带的东西。列出清单后再进行讨论，比如会不会带了太多水果，有可能吃不完还要再扛回家等等。多给孩子一些假设性的提问，让他们多方思考。接着，和孩子讨论野餐地点。这期间要拿出纸笔，写或者画出想要带的东西和食物，并全家一起讨论，看看有无重复或者执行上的困难。

实践B 用写或画记录，进行采购与事前准备的过程

决定要带的东西之后，请与孩子一起讨论，想办法做准备。如果家里没有野餐垫，那可以用什么代替？孩子们的答案或许很无厘头，“那就把浴室的浴帘拆下来用吧！”“不然用我睡觉盖的小薄被好了”或“干脆铺报纸”。都请先不要否决孩子的回答，尊重孩子的决定，也可以在每次他们给出答案的时候，和他们讨论会不会有什么样的问题产生。甚至都不说，等这次野餐之后，再问问孩子的感想，说不定他们会说出更多不错的想法。

可以带孩子一起采购野餐物品。出行前，先用笔画或写下来，并在采购过程中进行小小调整。例如，没有小番茄，那大番茄可以吗？买不到小黄瓜，可以用什么替代？这些都可和孩子共同讨论，让他们有决定及选择的机会。野餐当天的行程或活动安排也交给孩子准备，让他们在准备食物之外，也明白预先做好准备的重要性。

实践 C 以游戏的方式让孩子学习接待、照顾别人

家里有客人来时，小孩常常是被打发走的人，除非对方也有带小孩一起来玩。孩子常会被事前警告说，等一下要表现得好一点儿，不然就是被告知等客人走了才能从房间出来。其实，家里有客人来，正是孩子当小主人的好机会。事前请他们也一起准备，让他们也知道来的客人有谁，让孩子有心理准备。每个孩子的性格不同，打招呼的方式也不一样。有的孩子一开始就对你又搂又抱，非常热情；有的很安静，一句话也不说，但 10 分钟之后可能就拿着玩具出来跟你分享。我要说的是，不要一直逼孩子打招呼。小主人的角色扮演有很多方式，打招呼的方式也是因人而异。

平常，我们可以用游戏的方式让孩子练习接待客人。“角色扮演”就是孩子们相当喜欢的游戏。比如“过家家”，让孩子们先练习当个小主人，如拿拖鞋、倒茶、切水果等。下次真的有客人来的时候，就能够以游戏的角度提醒他，协助大人端茶、端水果。另外，这也可以让孩子练习如何把事情做得更周到，让孩子学习分担家里的事情，让他对家务不会有事不关己的疏离感。

韩式酱烧三明治

三明治里面的料该怎样摆放？先放菜再放肉和先放肉再放菜不一样吗？口感是否不同？怎样拿起来吃的时候不会掉……三明治里的小学问，让孩子们自己去发现吧！

食材

吐司…………4 片
猪肉片………100 克
韩式烧肉酱…2 大匙
奶油…………1 大匙
生菜…………适量
番茄…………1 个

做法

1. 备一平底锅，热油，将腌好的猪肉片放入煎熟，取出，备用。
2. 番茄切片，生菜洗净后沥干，另外稍微烤一下吐司，备用。
3. 吐司上抹奶油，依序放上生菜、番茄片及煎肉，再盖上另一片抹上奶油的吐司。
4. 把包食物专用的蜡纸裁成和吐司一样宽度的长条，将吐司包起来，外面套上同等大小的塑胶袋后封口（吃的时候连袋一起切半，再翻开即可）。

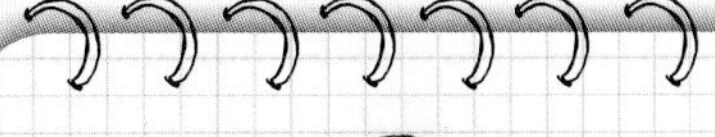

带孩子这样试

切番茄

番茄的外皮较滑，不怎么好切。可以让孩子以锯子锯东西的方式切。当然，要用锋利一点儿的刀，好切又不容易受伤。

煎肉

用平底不粘锅。将肉片一片片下锅。让孩子把腌好的肉摊开，在以不被锅沿烫伤的前提下，请他把肉放进锅中煎。接着学着翻面，并取出煎熟的肉。

alcurnia
EXTRA

姜味蜜桃冰茶

孩子最喜欢随意调制的饮料了。不加姜可以加什么？不爱吃水蜜桃可以换成什么？孩子们一定可以想出替代品。把一种饮料变化成十种吧！

食材

罐装水蜜桃……5 片
糖………………2 大匙
姜泥……………0.5 大匙
红茶……………3 杯
水蜜桃汁………0.5 杯

做法

1. 将一半水蜜桃压成泥，另外一半切成小丁。
2. 取一大水壶，将所有材料混合，再加入冰块即可。

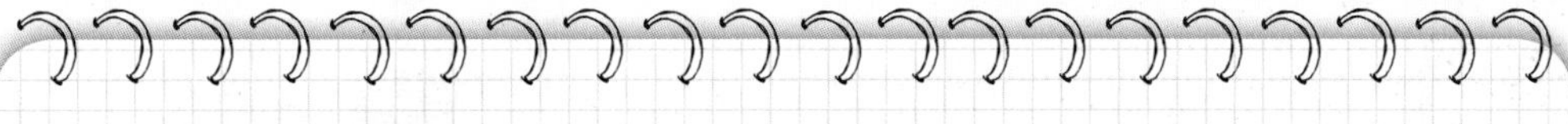

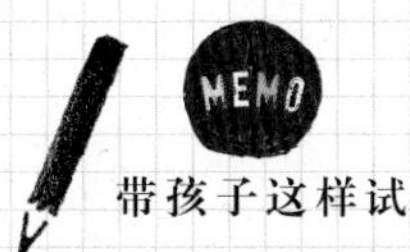

带孩子这样试

开罐头

很多水蜜桃罐头是需要使用开罐器打开的，这是教孩子使用开罐器的一个好时机。孩子不一定要亲自开，但是可以让孩子认识工具的使用。同时要提醒孩子，开口的地方很锋利，一定不要用手去摸。

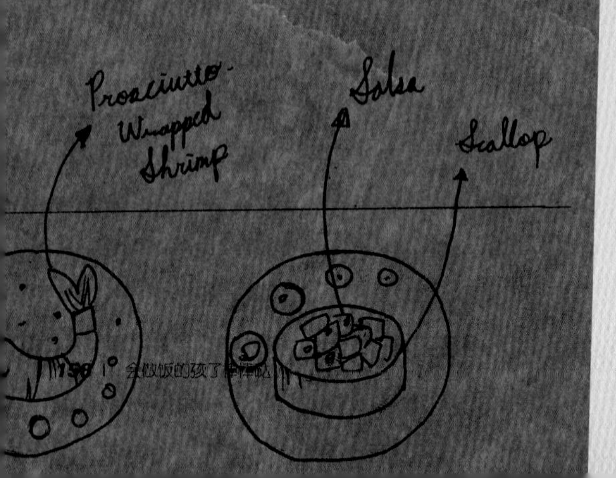
Prosciutto-
Wrapped
Shrimp
Salsa
Scallop

PRACTICE 12

想象力大爆发

孩子们在做菜当中需要不断调整，不断加入新的创意。就像走迷宫一样，这里过不去了，那下一步要往哪里走才能到达出口呢？这样的过程实在太有趣了，孩子们长久以来累积的经验，以及不受限制的想象力和创意，都在这时大爆发了。

孩子们的
料理创作

想象力量无限大

让孩子们去试去玩去表达，
就会从中发现原来他们和你想的不一样！

我很爱看《顶级厨师》（Master Chef），不管是大人版还是小孩版的。记得有一次在韩国进行厨艺比赛，各找二人分别代表韩国八大区域。许多选手都是妈妈，并不是厨师。节目中会用“黑盒子”先遮住食材，让所有参赛者直到盒子被打开的那一刹那，才会知道自己比赛用的主题食材。朋友们常开玩笑说，如果自家妈妈去参加那个比赛，一定都很厉害。因为妈妈们每天都是一开冰箱，这里拿块肉、那里抓两颗蛋，翻翻找找几分钟后，就挖出一大堆食材，没多久就变出一桌菜了。

冰箱不就很像黑盒子吗？妈妈每天都被考验怎么变菜色，也会随着当下的心情准备搭配出不同料理。就算食材相同，也可以变出不同的菜。我每次上课虽会有菜单，但在孩子习惯厨房环境及器材使用后，也会用食材当题目让孩子们试试。通常

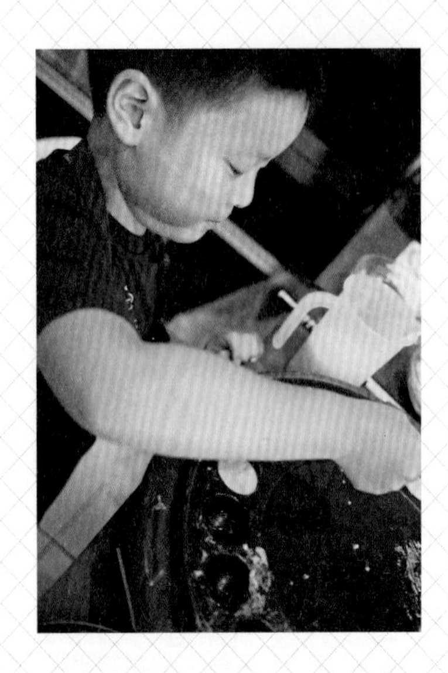

两人一组，自由组合，然后给他们看我准备了哪些材料，让孩子们用 15 分钟设计菜单，再选自己要的食材，回到工作台进行烹调。这是比较适合大孩子的方式。我觉得，孩子在合作过程中及思考菜单时，能激发出平常没有的潜在能力。

完成菜单设计之后，孩子们就开始动手做，当然想的和实际执行或许会有落差，所以他们要不断调整，不断加入新的创意，就像走迷宫一样，这里过不去了，要思考那下一步要往哪里走才能到达出口。这样的过程实在太有趣了，孩子们长久以来累积的经验，以及不受限制的想象力和创意，都在这时大爆发了。

有时候，我也会来一堂无菜单课程，让孩子们自己讨论做什么菜。拿一大张纸贴在墙上，让大家把想到的菜写下来，年纪比较小的孩子就画下来。最后纵观所有料理，让孩子想想，是不是有些菜重复了，也可能菜式太过接近？再一起讨论需不需要更换。接着，根据菜色列出食材采购清单，最后真实地做出料理来。**这一连串琐碎的过程，对孩子们来说是一种“计划”的训练。孩子们从无中生有，从自己到群体，一起打造精彩的美食盛宴。**

在家里，就能以“清冰箱料理”为题来玩亲子游戏。一起打开冰箱，看看冰箱里面有些什么，把剩的食材统统拿出来，和孩子们一起讨论，哪些食材可以搭在一起，我们可以做些什么菜？如果孩子没有做菜的经验也没关系，妈妈就和孩子讨论，例如：“我拿高丽菜炒培根好不好？”“这个胡萝卜拿来炒蛋你觉得怎么样？”**让孩子通过参与、讨论的过程，练习参与家中事务，孩子能从其中得到尊重，也能实践他的意见。**

将做菜和教育相结合，是我一直在贯彻执行的事情。不论学音乐还是学画画，都可能需要重复进行相同动作，**但做菜不同，做一顿菜可能会进行一两百个不同的动作，是很动态的，是需要相当好的逻辑思维能力与专注力才有可能完成的活动**。通过做菜这件事，可以培养孩子的各种能力。我还希望，做菜过程中的疗愈性能陪伴在孩子日后的人生，利用做菜缓解课业压力，利用做菜转换不好的心情，让孩子们终生受用。

学生 A

妈妈有一块田，他常常跟着妈妈一起下田劳动。他的盘子里面有小桥、流水。孩子常常把生活经验表现在我们想不到的地方，有的时候说出来，有的时候画出来。其实，就连做菜都能看出孩子的喜好。他的盘子里食物的摆放，就像他看过的小桥一样。多带孩子接近大自然，能让他们视野更开阔。

学生 B

她的东西都是小小的，但是注重细节。她活泼、开朗又有强烈的好奇心，如果遇到不懂她的大人，就会希望她“安静一点儿”。所以，她的世界变小了。在不希望干扰到他人的状况下，她继续在小世界里发挥想象。给孩子多一点儿自信和鼓励，勇敢走近孩子的世界，会有“柳暗花明又一村”的惊喜感！

学生 C

他是家里最受照顾的小男孩，他的作品里有可爱的撒娇感，跟他的个性很像。他有可爱的脸，笑眯眯的眼神，在做菜过程中也把自己“摆”进去了。孩子越大，对有些情感的表达越不好意思起来。和他们一起做菜吧！试试看，是不是可以感受到孩子的心情。

学生 D

她的情感细腻，笑起来也是甜甜的。或许是像妈妈吧！在她身上，可以看见很多妈妈的影子。家庭教育的影响，其实比学校教育更深远。看到盘中肉底下用番茄酱画出的小蕾丝了吗？加上小熊图案，非常可爱。也给人一种感觉：她是妈妈的小公主，不论何时，妈妈都会保护她。而她，希望妈妈这辈子都快乐！

学生 E

什么事情都想去试一下的大男孩，爸爸妈妈给他很多不同的生活体验。他下手时都不太需要考虑，也不太害怕失败，他就是想要好好表现自己。他喜欢老师给他机会，让他尝试，也希望从中得到回馈，找出自己可以做的事情。这样勇往直前且不怕失败的个性，会在未来帮助他学到更多！

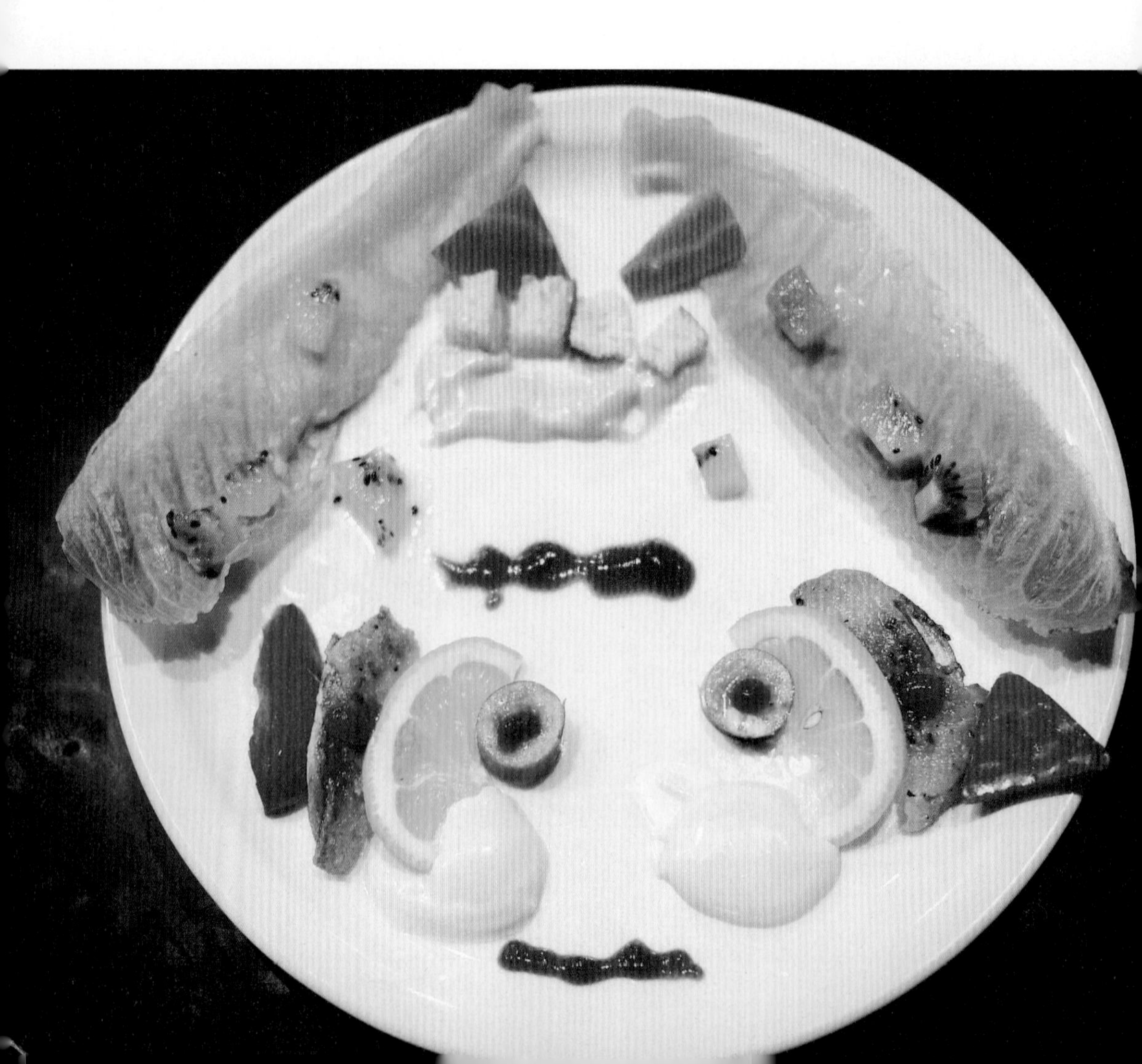

喜欢音乐，生活也是很有节奏的。她是个自由的大女孩，很会享受生活。她的料理作品也是快乐而自由的，似乎也能让人听到音乐呢！就像她在说着：“我简单，不复杂！”

家长有话说

因为学做菜，我的孩子变得不一样

家长
小金鱼爸爸

这么多年来，我和太太一直相信小金鱼是喜爱烹饪的！因为，在厨房的料理过程中，她那满足而自信的笑容，对烹饪美学认知的灵感触动，我们一直能够看见。

我们期待孩子通过烹饪有所收获，不是期待她做出和名厨一样的菜色，而是让她拥有独特的见解和创意手法，幻化出属于她自己人生的美好菜色。在烹饪之外，Amanda 带给了她更多的灵感诱发及美学滋养。更重要的是，她在烹饪过程中，学习到对食材的认识、运用及味觉的启发，更强化了她独立思考、分享、团体运作及自我要求的能力，这是我们最乐意见到的！

饮食文化一直是世界文明的重要组成部分！小金鱼能沉浸其中，这是令人欣慰的过程！小金鱼的那种认真、快乐、自信的笑容，我希望每位父母都能在自己宝贝的成长过程中看到。我诚恳希望，这一切不是将来的回忆，而是人生中一直存在的美丽的风景。

家长
芷仪妈妈

认识漂亮的 Amanda 转眼已经 5 年了！而我的宝贝也从当初厨房的“小菜鸟”蜕变成为同学眼中的厨艺高手！这一切都归功于 Amanda 老师。

老师不厌其烦地教孩子们掌握下厨的本领，从认识食材，到如何挑选、处理、烹调，再到完成摆盘，让孩子们参与到每一个环节中，并用心地带他们到不同的餐厅实地演练，让孩子们从中受益。这样的老师真是不可多得啊！

在食品安全问题层出不穷的今天，老师对健康饮食概念的推广更是不遗余力，希望我们的下一代从小就建立正确的饮食观念，并且可以自己做出美味的食物。这些都是老师对我的宝贝最大的影响力！真的很感谢老师所付出的一切，也期待老师的新书可以分享给更多的家庭！

家长
扬秩妈妈

四年前，因为儿子说爱吃美食，想学厨艺，所以我通过网络搜索找到了 Amanda。

Amanda 在课程规划及引导孩子互动方面有其独到的做法。课程规划不仅是饼干、炸鸡，竟然还有布朗尼烘焙课程，且不吝于使用牛排、全鸡、羊排等高级食材，她大胆地让孩子们通过讨论及想象，自行规划分工完成任务。

所有的孩子就像一家人，Amanda 是老师也是母亲。她大胆放手、信任孩子，让孩子们相信自己做得到。她参加孩子毕业典礼，让孩子感到被重视。我也从原本的爱担心、唠叨，改变为信任、提醒，孩子也开变得始自觉、自信。

Amanda 通过自己的人际关系，带着孩子上节目比赛，进餐厅厨房向大师学习，参与书籍的制作，让孩子确认自己的志向。志向并非一时的玩乐，而是有决心往这条路努力迈进。

有幸在 Amanda 的第二本著作中说说作为人家长的心情。我想，对于 Amanda 的料理，影响的不止是孩子，更大的受益者是家长。由衷无限感谢 Amanda 爱孩子、爱料理的用心。

家长
Mina 媽媽

一次偶然的机会，Mina 跟着 Amanada 老师上了一次烹饪课，从此 Mina 就对烹饪课非常期待。虽然每周才上两堂课，但我发现，Mina 从烹饪课中学到了很多，比如处理事情要一项一项有耐心地完成。

与一般烹饪课不同的是，老师会将团队合作的精神融入她的料理课当中，从前置作业、洗菜切菜，到烹煮、清洁，让孩子明白做任何事都要循序渐进，做一道料理是靠一个步骤接着一个步骤才能完成的，少了任何一步，都不可能完成。

我常常拿做料理来提醒她这一点，有了这个认知，她更能理解我在日常生活中所教导她的意思。很多人对我让小孩这么早学习烹饪感到不解，但是他们看到 Mina 的进步，又都赞叹不已。

Daniel
Paddy P.

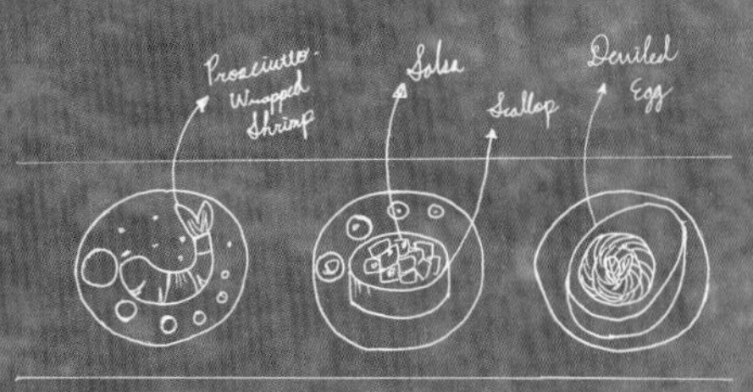

小厨的养成

★★★

About my
dear students…

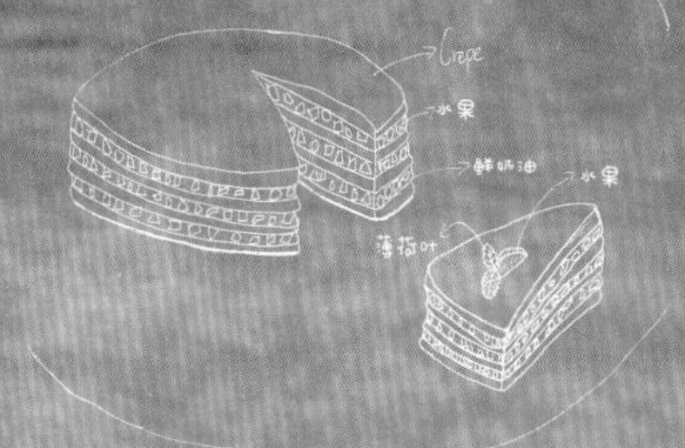

小厨一班的最初养成

从他们交换写有彼此名字的字条开始，他们就成为一家人了。

一开始，我就想要固定地带一群孩子做菜，那会是很有感情和很有目标的事。团队里有一半的孩子是我之前各处教课带过的学生，我发现他们对做菜很有兴趣，于是询问家长和孩子的意愿，看是他们否愿意在固定的时间学习做菜。

刚开始，连围裙也还没做，我就是以很轻松的方式带着孩子一起做菜。后来就想给孩子们不一样的课程内容，甚至找了饭店厨师，或是餐饮科的老师来教他们。

课程设计目的，是想要教孩子一些东西。由那些想教孩子的事，去设计内容。例如，让孩子学会轮流和等待，或是让孩子自己思考解决问题的方法。一组 4 个人，材料盆中只有一支量匙。谁先谁后，怎么决定先后的次序，用什么样的方法？做水果沙拉，每个人 5 颗樱桃，分到最后有人少 2 颗，这又该如何解决？

我乐于看到上课时出现很多的问题，我不提供答案，而是要孩子们自己去解决。我的烹饪课的目的，不是教你做出一道菜来，然后美美地拍个照，回家之后回想一下，其实心里什么都没留下。做菜只是个媒介，目的在于，在孩子轻松愉快的状态下，通过做菜去调整他们的行为及观念。

所以，每一堂课我都会要求自己，注意自己的言行举止，甚至穿着打扮，要给孩子树立好的榜样。当发现孩子有不恰当的行为时，用适当的方法告诉他。爱每个孩子，就像爱自己的孩子一样。

第一年，我们两星期上一次课，开始固定聚会做菜。我慢慢发现，做菜是孩子们的某种释放压力的方式。除了一起做菜，他们还一起嬉闹，偶而聊聊小八卦，就像家人一样。

我想要给孩子更多、更不同的经验。在他们熟悉厨房之后，从第二年开始，我带着他们到餐厅学习。感谢一路上帮助我们的餐厅和厨师们，趁着休息时间，让孩子进厨房，接触专业的烹饪用具。而这样的训练，也不是要让他们长大后真的走入这一行。在专业厨房里，训练的是更高一层的专注力、团队精神、逻辑思维能力等个人内在能力。专业炉台不像家里的炉灶，孩子们必须更专注在自己的工作上，避免受伤，也要保护别人的安全。什么东西先做，什么时候起锅，时间管理也很重要。厨房里能学到的，在学校里根本学不到。

上学时，我选择的是英文系，读的文学，字都很深奥，当时感觉好像很厉害。真到了国外生活，发现很有落差，很多生活语言需要重新学习。那些课本上深奥的字眼，在生活中根本用不到！但是，它把我的内涵变丰富了，情感变浓厚了。同样，对现在的孩子来说，“死读书、读死书”已经不流行了，教孩子怎么活用，如何提高生活技能更重要。

我常说，我教这些孩子目的在于在他们长大之后，这像是我的二十年计划。每一年他们都不同，每 5 年都是大变身。这就是为什么我需要长期带，只带很少的孩子的原因，至少要一年才收另外一批。教育这件事不是做生意，我大可一直收，学生来来去去，上一堂课收了钱做完菜回家，然后就没我的事了。然后，我再次设计美美的课程，重复同样的事。老实说，这样很轻松。不过，这件事只要有心的人都可以做，现在坊间有很多机构开设亲子或儿童烹饪课，都做得很棒，他们都有好的空间、好的器具、好的老师。我选择的是与众不同的教育理念，因为很耗时间和体力，甚至金钱。所以，我常说我没有同行，是“孤独地走在烹饪教育这一条路上“。大家想到的烹饪教育，大概都是指“食育”这方面，而我做的是“烹饪全人教育”。我培养的是“种子队员”，将是以后各行各业的领导者，所以我希望学生们要非常清楚地找到自己的优势在哪里，而这样的过程，一定是要花很长时间去用心陪伴和经营的。

小厨一班可以说我的“临床实验”。“实验”结果证明，自己这么长时间的教育是很有效果的：我看到了孩子的同情心，体贴和照顾人的心，想象力，创造力，解决问题的能力，独立思考能力，行动力，团队合作等等。

感谢一路同行的家长，感谢你们的支持与帮助。从小学到高中，孩子们的课外时间越来越少，时间大多被繁重的学习任务占据了。时间少，我就想带孩子进行更有效率的挑战。我们要一起出国，不带家长，这将是我和孩子们的学习之旅。

这件事要一直持续吗？当然！现在已经带到三班了，我们的家族正在日益壮大中，而且会一直持续下去。

萧靖颐
Latricia

不记得从什么时候，上课时拍照记录这项工作就落到她的手中。一开始，她只是观察我，后来就开始以她的眼光把看到的东西拍下来。有一次，我回家整理照片，突然发现不知道哪些是我拍的，哪些是她拍的。那时她才五年级，但是看事情的角度却很成熟，拍出的照片都很美。

Amanda says!
我是这样欣赏孩子的

百变的想法，更需要从里到外都考虑到位。跟她平常的穿着打扮一样，从头到脚都要搭。菜不会只是随意地摆在盘子上，一定会有某些看似具有冲击力却又和谐的搭配。利用柠檬汁浸泡鱼肉，是超越她年龄的技巧，就像看她手握单反相机，却能游刃有余一样。

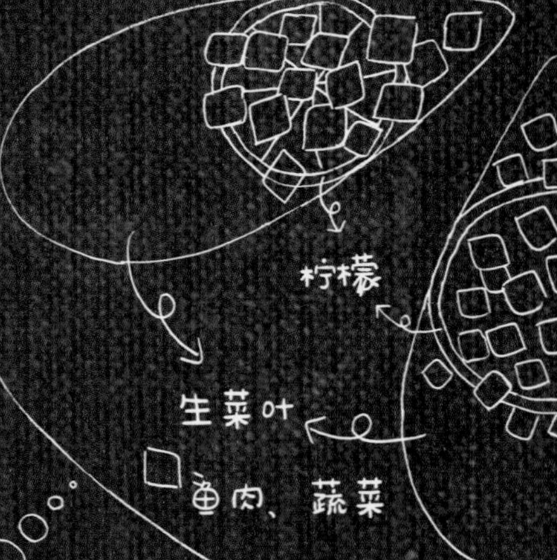

我会想做
这道菜的原因
是因为这道料理
的烹调方式很特别，
所以我想尝试看看

萧靖颐

李蕙安 *Vivian*

她的目标是，以后要考上“北一女”（台湾地区最好的高中学校之一）！我们偶尔会聊到这样的话题。她是个非常聪明的孩子，规划能力、领导力都很强。她常看外国的做菜节目，也可以看许多外文菜谱。这次的菜单，她画出来之后，我都觉得很有水准了！“老师，那可以做冷盘吗？”这样的问题，让我笑了，因为这就是她的实力。

Amanda says!

我是这样欣赏孩子的

冷盘可以发挥任何创意，喜欢细致而又内敛的表达。

对自己要求高的孩子，有时也会退缩。但是一旦找到自己喜欢的事，就全力以赴。蕙安是个有想法的孩子，细致又有自己的性格。不同的三样菜，其实也像蕙安一样，混搭出独立却又鲜明的个性。

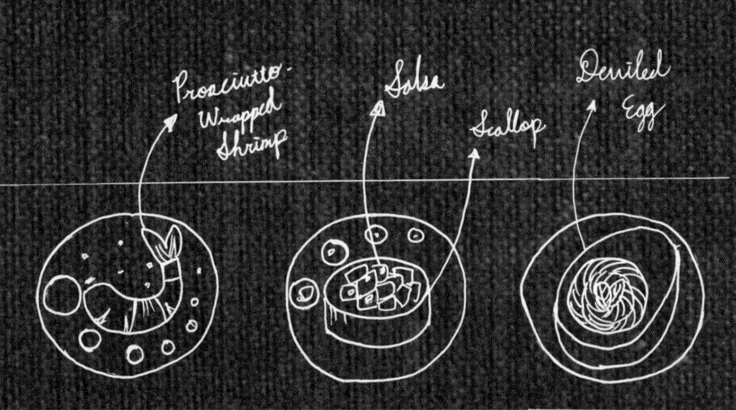

陈芷仪

Joe

在小公主似的外表下，她有一颗男子汉的心。看到她就让我想起《那些年，我们一起追过的女孩》这部电影，她是少女杀手啊！我们一同做菜的时候，她最会分享学校的趣事。演讲比赛可是她的强项，内外兼修，能文能武。

Amanda says!
我是这样欣赏孩子的

美女与野兽，当公主遇上牛排。柔弱的外表下是勇于挑战的内心。喜欢看她吃东西的样子，好像每样东西都变得更加美味。她喜欢意大利面和牛排，因为喜欢，所以努力让它变得更好吃。像公主爱上王子一样，给食物加上爱，然后过着幸福美满的生活。

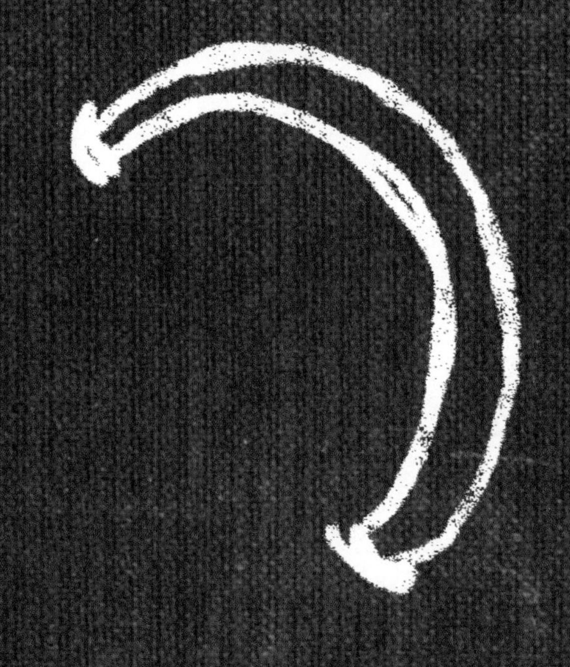

潘镝 *Paddy*

他一直有一种吸引我的能力，那就是站上料理台时的自信。用刀、甩锅，甚至是站在专业炉台前点火的架势，都很迷人。厨房是他的舞台，当他站在里面，就会有无形的聚光灯照着他。

Amanda says!
我是这样欣赏孩子的

汉堡或许不是看起来细致的菜，但是吃起来好吃。通常，中间夹的汉堡肉制作起来是需要技巧的。潘镝的确是像汉堡一样，粗犷的外形下，却有颗细腻的心。他做的汉堡肉都是经过仔细加料、手揉、摔打，捏成适当大小。然后，展现出他男子汉的自信，站炉台，煎肉，最后又细心地组合。他是外刚内柔的孩子啊！

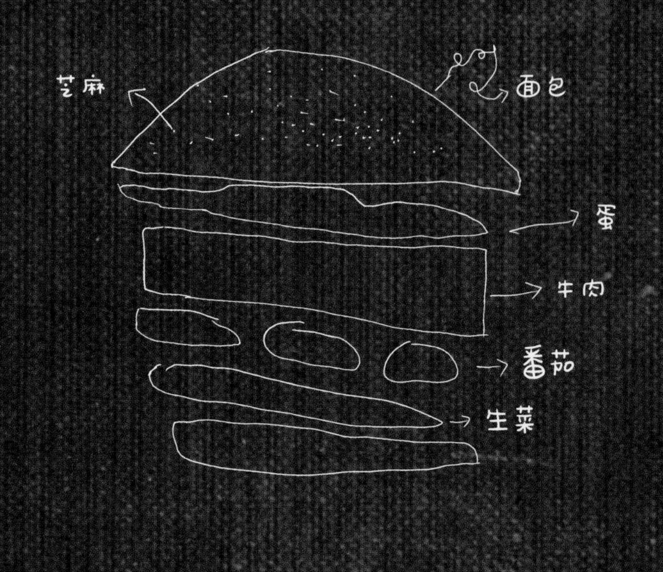

林扬秩
Daniel

扬秩开始学打鼓了，我们会一起听音乐，然后他跟着节奏，拿着鼓棒，敲着桌面打给我听。他有很刚烈的一面，连撒娇都用很 man 的方式！更有柔软的一面，可以一边哄着小小厨，一边带着他们做菜。他是我心目中的小男人，我期待他更成熟，更强壮，好好保护妈妈。

因为我喜欢吃这一道菜

林扬轶

Amanda says!
我是这样欣赏孩子的

他是随性又具有幽默感的孩子。我们一起做过这道料理，他非常喜欢。他的幽默感无处不在，比如画菜单时，如果有不会写的韩文，就直接写上“韩文”两字来代替。

韩文 → 韩式辣椒酱

黄宇欣
Isabella

她最爱吃章鱼烧和烤鸟蛋，喜欢到可以连吃三天。她做菜时话不多，有很多想法，少了点儿冲劲，却多了些细心。她有设计师的灵魂，只要给她时间和空间，就可以看到神奇的事情发生。

Amanda says!

我是这样欣赏孩子的

因为小时候的记忆，觉得这道菜好吃，所以学着做。她是这样的孩子，喜欢吃章鱼烧，就努力学，然后做好。她会对菜品外形进行提升。或许，她的血液里面流着像爸爸一样的设计灵感吧！

饼干

糖霜

王天青

Alice

所有人的大姐姐，她是我从小学带到高中的第一个孩子。她喜欢做甜点，很会画漫画，手工制作的功夫一流。她个性贴心、细腻，有时候有点儿小迷糊，但却更增添了她的可爱。

Amanda says!
我是这样欣赏孩子的

对于线条的美感很有直觉，在做菜当中也加入了画画的技巧。要在哪下刀？摆盘要摆在哪个方向？就像她拿出一袋的画笔，粗细深浅地画起来，盘子也变成了一张画布。

孙嘉璐

Lulu

去年，她的生日礼物是一组铜锅。我想，她大概是我认识的第一个会因为收到这样的礼物而雀跃不已的小孩。我和她可以聊做菜、餐具、旅游景点。在课堂中，她是完全照顾我的人。记得那天我上课站了很久，只是说了一声："我脚好酸啊。"她马上就蹲下来替我按摩。这就是贴心的她。

Amanda says!
我是这样欣赏孩子的

不局限于框架内的思考方式，来源于常与大自然接触，随手就拈来一块木头或是一片叶。在对食物的搭配中，完全流露出她不羁的个性。

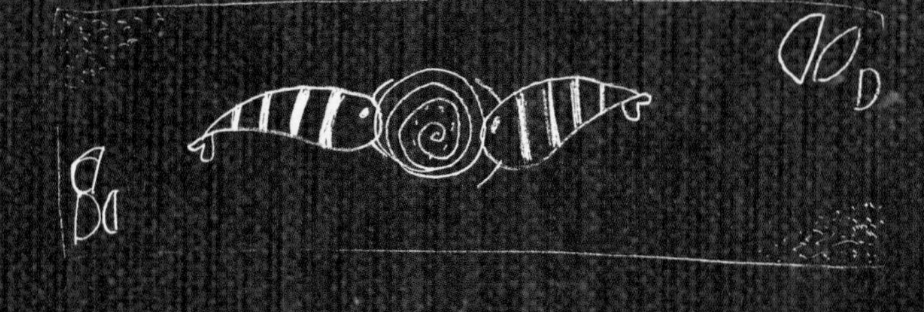

曾璇蓁
Caitlin

感情细腻，贴心也孝顺。她是我的女儿。吃东西是她的兴趣，画画、看动漫是她的最爱。参加同学生日聚会时，她会自己做蛋糕；妈妈生病时，她自己煮面吃。她是独立的孩子，跟我一样喜欢小孩，却又爱撒娇。继续保持乐观的态度勇往直前吧！

Amanda says!
我是这样欣赏孩子的

随意的个性，让她在做这道甜点的时候遇到了一些困难。因为每一层的材料放进去的时候，都需要非常仔细，否则杯子上就容易沾上各种材料，就不美观了。而这就是她，一直以来都在很努力调整自己，随性而有创意，随性而有耐力。

图书在版编目(CIP)数据
会做饭的孩子棒棒哒 / 林家岑著. -- 青岛 : 青岛出版社, 2016.11
ISBN 978-7-5552-4745-6
Ⅰ. ①会… Ⅱ. ①林… Ⅲ. ①烹饪—方法—少儿读物 Ⅳ. ①TS972.1-49
中国版本图书馆CIP数据核字(2016)第257635号

书　　名　会做饭的孩子棒棒哒
著　　者　林家岑(Amanda)
出版发行　青岛出版社
社　　址　青岛市海尔路182号(266061)
本社网址　http://www.qdpub.com
邮购电话　13335059110　0532-68068026
策划编辑　刘海波
责任编辑　贺　林
特约编辑　崔　瑜
插　　画　李宇乐
设计制作　张　骏　任珊珊
制　　版　青岛帝娇文化传播有限公司
印　　刷　青岛浩鑫彩印有限公司
出版日期　2017年1月第1版　2017年1月第1次印刷
开　　本　16开(710mm × 1010mm)
印　　张　12.25
字　　数　150千
图　　数　350幅
印　　数　1-6500
书　　号　ISBN 978-7-5552-4745-6
定　　价　42.00元

编校质量、盗版监督服务电话　4006532017　0532-68068638
建议陈列类别：亲子家教类　生活类　美食类